煙火隨筆

細味中國菜餚文化

方曉嵐——著

第一章 廣飲廣食

第二章　南北風味

2.8 安徽

2.9 江浙

2.10 京魯

2.11 大西北

第三章　趣聞逸事

第四章 華人食俗

第五章 食得健康

自序

很高興看到本書的出版，我要告訴你們一件有趣的事。記得我小時候唸中二，那年正值東江之水越山來，當時香港舉辦了一個全港學生作文比賽，幾乎所有中文中學的國文科都以此為題要學生作文。我在課堂上毫無靈感，胡亂塞夠字數就交稿了。第二天放學回家，被母親黑著臉罵我丟臉，原來國文老師告訴老媽我那篇作業是蒙混過關，表示感到很失望。那時候已經是晚上六時，老媽說不准吃晚飯，立即再寫一篇，我感到很委屈，含著眼淚用二十分鐘寫滿一張五百字的原稿紙。眼淚啟發了我的靈感，文章是《水的自述》，在老媽的指揮下，飛跑去送給在附近住的《新晚報》編輯張阿姨，她正準備上夜班，原來那天是作文比賽的最後截稿，總算趕上了遞交。過了幾天回到學校，國文老師高興地對著我笑，原來我小小年紀得了全港第二名，登上了報章還有獎金，這就是我的第一次。

我的家翁特級校對陳夢因（一九一〇—一九九七），抗戰時是我國著名的戰地記者，走遍大江南北，交遊廣闊，嚐盡各地美食，是一位嗜食會煮的食評家，更是中國第一代在報章連載食經的專欄作家，也是首位將報章專欄文章輯錄成書的作家。家翁的多本著作，其中一套《食經》從一九五三年再版無數，銷售到現在。我年輕時曾為家翁抄稿，他習慣寫字很潦草，有時我忍不住偷偷修改了一下，被家翁發現了，他多次鼓勵我寫作，但因緣際遇，我始終沒有動過筆。

營營役役走過半生，深知自己不是做生意的材料，退下來開始寫作，發現原來做飲食研究和寫作，能帶給我無限的樂趣。應邀寫專欄，是成為暢銷書作者之後，並在不同的報章雜誌刊登，但在行內來說，我只算是個後輩。

感謝香港經濟日報多年來的栽培並對本書的祝福；感謝三聯書店的編輯在我近年幾百段專欄中，精心選出一些有趣味的飲食文章，加上一些食譜書中寫的飲食歷史故事，輯錄成書與讀者分享。

文化傳承，一直是我寫作的心願，也是我最大的工作動力，希望藉著篇篇短文，讓你再次愛上中國飲食文化。

方曉嵐

二〇二五年春

第一章 廣飲廣食

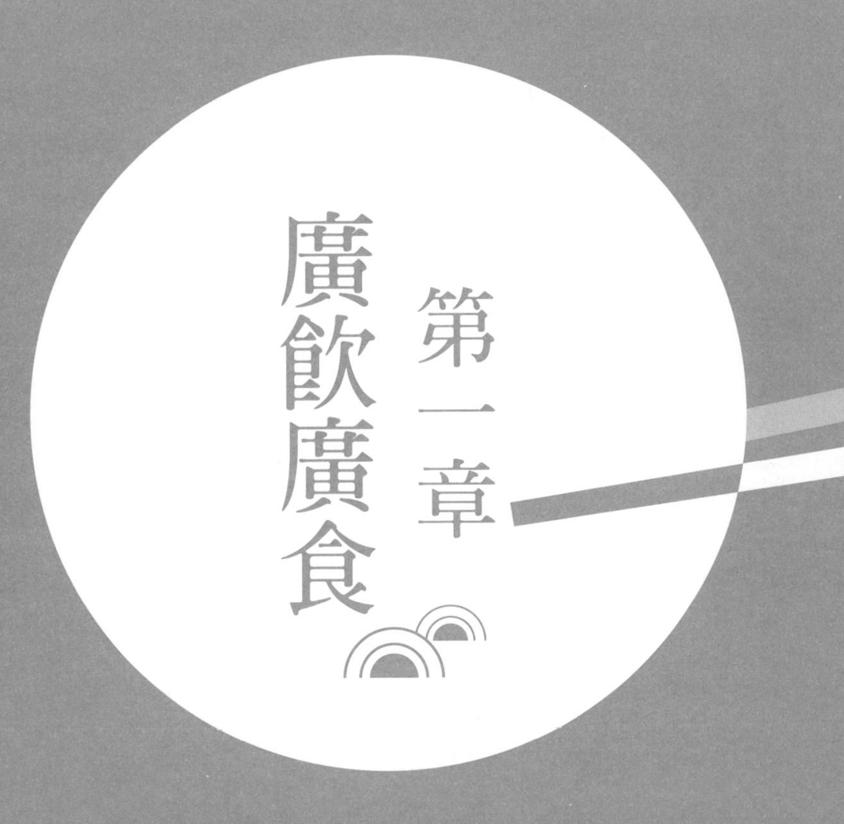

1.1 廣府

講起粵菜的文化，必然提及的兩個詞：「嶺南」、「廣府」。嶺南，即五嶺之南，所謂五嶺山脈，由越城嶺、都龐嶺、萌渚嶺、騎田嶺、大庾嶺五座山嶺組成，橫跨廣東、廣西、湖南、江西四省交界，是隔開了長江流域和珠江流域的一大片山脈。而廣東和廣西就是位處五嶺之南，所形成的民俗生活稱為嶺南文化。

嶺南的原始土著為古越族，統稱百越，後來秦朝統一中國，將南越國併入中國版圖，百越逐步漢化。漢唐時期，大量中原人遷到嶺南各地定居，漢越民系進一步融合，漢武帝在廣西廣信（今梧州）設縣治。明清時期，廣州發展成國際都市，朝廷設「廣州府」管治，人們圍繞以廣州為中心的珠江流域繁衍，主要分佈在廣州、佛山、番禺一帶，稱為廣府人。

廣府文化區域包括珠江流域，廣府人是在廣東省內以廣州話（粵

語）為方言的漢族群體，文化生活中的戲曲稱為粵劇、粵曲，而由廣州菜發展出來的廣府菜，稱為粵菜。

貴妃雞

過年少不了吃雞的菜式，在節慶和婚宴壽宴，菜單上更要有全雞，這才算得上喜慶吉祥。廣東人吃全雞，最普遍的是白切雞、豉油雞、大紅炸子雞和貴妃雞。

中國大江南北，起碼有四種完全不同的貴妃雞。粵菜中的貴妃雞出自廣州，是白切雞的變奏版，用白鹵水把雞浸熟，豐富了白切雞的味道，又香又嫩，白鹵水即是用鹵水的香料，但只加鹽而不用豉油的鹵水汁。

六十年代，廣州上下九路附近有一家「清平飯店」，用清遠雞來做白切雞，將剛熟的白切雞趁熱放在清水中「過冷河」，使得雞皮爽滑，大受食客歡迎。後來，店中的大師傅又嫌白切雞過於清淡，再發展出用白鹵水來浸雞，然後放在凍的白鹵水中「過冷河」，創作出著名的「清平雞」，聽說曾創下年賣一百萬隻的紀錄，曾號稱「天下第一雞」。

「清平雞」後來流傳到香港和澳門，當年香港的粵菜酒家多數選用本地雞，胸有墨水的酒家大佬就引用李白的詩句「溫泉水滑洗凝脂」，把它命名為「貴妃雞」。這個名稱從此深入民心，成為了與白切雞、豉油雞齊名的粵菜酒家味部菜式。

來自佛山的柱侯醬

飲食業的發展，扎根於市場需要，清代「食在廣州」的發展，無不逐市場而行，最早期在廣州濠畔街，後發展到西關及向西江面一帶，這些地方當時都屬於廣州府城郊外。隨著城市的發展和貿易擴張，因緣際會，鄰近廣州的佛山也繁榮起來，成為商品交易、集散甚至生產的中心，而在清代後期富裕起來的佛山商幫，對於廣州飲食文化的發展更是居功至偉。

佛山作為中原至廣州的水陸重鎮，從明永樂年間開始，佛山內河港口「番船始集」、「四方商賈之至粵者，率以是為歸」，與北京、蘇州、漢口並稱「天下四大聚」，也與漢口鎮、朱仙鎮、景德鎮並列為中國四大名鎮。佛山飲食繁盛，名傳四方，佛山人注重美食，自然不在話下。

柱侯醬是廣東佛山的特產，相傳百多年前，佛山街頭有個賣牛雜牛腩的小販叫梁柱侯，他獨創秘製醬汁，用來炆牛腩牛雜，生意很好，被佛山三品樓邀聘為廚師。從此他精心研究，在原豉醬（未抽過豉油的原豉）中，加入了果皮、薑、糖、蒜蓉、芝麻醬等材料搗爛，成為一種有特色風味的醬料，用來燜雞和牛腩牛雜，結果大受歡迎，佛山人都稱這種醬料做柱侯醬。關於柱侯醬的來源，傳說中還有幾種版本，有人說柱侯姓梁，也有人說姓陳。不過，按照先家翁特級校對陳夢因在《食經》中所載，梁柱侯的故事應該是正版。

清末的太爺雞

特級校對的《食經》中記載，「太爺雞」始於清末，始創人是原籍江蘇的周恩長，他因有舉人功名，里閭皆以太爺稱之。周太爺晚年經濟不佳，又不願回鄉，便試烹燻雞為生，不料大受廣州人喜愛，常供不應求，便在廣州城北百靈路開店，名「周生記」，生意甚佳。廣州人以粵語「燻雞」講得快時似「瘟雞」，覺得不吉利，於是改名叫做「太爺雞」。

到了民初，以美食家聞名的廣州電燈局總辦蘇德泰，題寫了「太爺雞」三字橫額送給周生記，從此，周恩長的燻雞就正名為太爺雞。

抗戰時期廣州淪陷，周生記歇業。和平後，廣州長堤的六國飯店想以太爺雞的招牌作號召，為周恩長的兒子周照軒反對，但周照軒並未註冊這品牌，雙方一輪官司往來，結果以六國飯店把太爺雞改為「太爺子雞」作結。

五十年代初，灣仔軒尼詩道的頤園酒家誠邀周照軒復出，為頤園特製太爺雞應客，當時香港有不少酒家都做太爺雞，但正宗的當推頤園酒家。

據家翁特級校對所著《食經》所載，頤園太爺雞好吃之處，在於甘、香、鮮、嫩，雞骨也有味。周照軒當年已六十幾歲，對太爺雞的做法只傳其子，滷水份量始終不向外泄漏。

江南百花雞

上世紀三十年代陳濟棠主政廣東，是廣州飲食最輝煌的時期。當年廣州著名的四大酒家為南園酒家、西園酒家、大三元、文苑酒家，有一道名噪一時的菜式，就是由文苑酒家所創的「江南百花雞」。

這是一道細膩的工夫菜，粵菜中的「百花膠」，指的是蝦蓉做成的蝦膠，嬌嫩的粉紅色令菜式倍增貴氣。江南百花雞的做法是把新鮮雞肉和骨拆出，保留全隻完整雞皮，再把蝦蓉和雞肉釀回雞皮內，重整為全雞形狀，蒸熟後切件，淋上琉璃芡。

家翁特級校對陳夢因，喜歡在家請客，他會先定出菜單，交由我們去張羅。最怕菜單中寫有「江南百花雞」五個字，有段日子見到它就如惡夢開始。雖然手拆全雞去骨，以及雞腿肉全部去筋，對我們來說都沒有難度，但是雞肉與蝦肉是仇家，最怕做出來的餡料有黴味，這樣整碟菜就不能吃了，但未切開上桌時根本不知道是否有黴味，這才是終極的惡夢！怪不得家翁在《食經》中說這道菜：「廚師們為了簡便，大多數在製作蝦膠時沒有加進雞蓉。」原來廚師們也不只是為了省工夫，更重要的是避免產生最痲煩的黴味而被食客們責罵。

就是因為嘗過幾次失敗，經苦苦思量和實踐，我最終悟出做江南百花雞的要訣：首先是一定要用活蝦來做蝦蓉，冷藏冰鮮或死蝦完全不行；砧板和菜刀一定要事先徹底清洗，並用沸水淋過，抹乾及晾乾才用，過程絕不能偷懶；剁好的蝦蓉如果擱置時間長了，會收縮及分離出部份液體，是一種濃度低的溶膠，如再拌入雞肉中，肉質就會容易變黴，所以蝦蓉必定要即做、即釀、即蒸。緊記這三項，就可以避免江南百花雞的蝦雞餡料變徽。

太史田雞

家翁特級校對在《食經》中講及太史田雞：「太史田雞的創始者是江太史府第，當年與江太史有往還，或做過太史第嘉賓的，都吃過太史田雞，後來廣州的食家仿效了做法，客人食而甘之，問這是什麼菜？仿效的人以太史田雞應之。」

當時廣州有兩位太史，一位是江孔殷太史，另一位是梁鼎芬太史，梁太史的文名與功名均在江氏之上。論功名，梁太史做過布政使一類的高官；論文名，梁太史是嶺南近代四大家之一，飲食之名也不在江太史之下。兩位太史的私廚均有做太史田雞這個菜，做法各有特色，在民國大食家唐魯孫看來，認為梁太史第的田雞比江太史第的還要好。

太史田雞是一道湯菜，但不是煲湯，重點是用濃厚的火腿上湯煨之。太史田雞的基本作料是冬瓜、火腿、田雞和草菇。據江太史孫女江獻珠的版本，太史田雞還有一種重要的配料叫做扁尖，是醃製的鹹筆筍。據江太史之子「南海十三郎」江譽鏐的《小蘭齋雜記》中介紹的做法：冬瓜和田雞先走油，煨以火腿上湯，加瑤柱、草菇燴合，慢火炆炖至鬆，以之送飯，清甜滋補。

坊間有食肆做名為太史田雞的菜式，是把這幾種材料炒製打芡而成，並無預先煨以火腿上湯，實與太史家做法無關，可見近年一些粵菜廚師對傳統粵菜中的湯菜，認識有所欠缺了。

大紅乳豬

早在三千年前的西周時期，燒乳豬就被列為八珍之一，稱為「炮豚」。按當時的做法，味道應該比不上今天的粵式乳豬。

至南北朝時，賈思勰已把燒乳豬作為一項重要的烹調技術成果，記載在《齊民要術》中曰：「色同琥珀，又類真金，入口則消，壯若凌雪，含漿膏潤，特異非凡也。」原來在一千五百多年前，燒乳豬已達到如此高深的造詣，令人讚嘆中華飲食文化之博大精深。

清代《清稗類鈔》中之「飲食類」，也記載了盛宴上的燒豬。當時烤的是大豬還是乳豬，雖然沒有寫清楚，但見文中曰「必用燒豬、燒方，皆以全體（整隻）燒之，酒三巡，則進燒豬，膳夫（廚子）、僕人皆衣禮服而入。膳夫奉以待，僕人解所配之小刀臠割之，盛之器，屈一膝，獻首座之專客。」僕人身穿禮服，單膝下跪侍客，可見清代宴席對奉上燒豬之隆重。上世紀六、七十年代，據廣州粵菜大師許衡在《粵菜存真》中所載，在清代廣州的滿漢全席中，燒乳豬是第二道熱葷，是排在紅扒大裙翅之後的大菜。

清代美食才子袁枚，對燒乳豬的質量標準為「食時酥為上，脆次之，硬斯下矣」，意思是燒乳豬口感必須酥脆，如果硬了就不合格。民國時代廣州四大酒家西園、文園、南園、大三元，各家都有燒乳豬的秘方，並有專門的燒臘師傅負責，可見對之極為重視。

燒乳豬的普及，據說源於二十年代，廣州市西關有一家西施酒樓，以片皮脆皮乳豬為號召，在酒樓門口放一個長方形燒烤爐，由兩名燒臘師傅當街以明爐燒乳豬，香噴噴的即燒乳豬引得途人聞香而來，生意火爆。後來其他食肆紛紛仿傚，脆皮燒乳豬成為當時的西關名物，也從此飛入尋常百姓家。

燒乳豬雖不是廣東獨有（外省人叫烤乳豬），不過，把整隻燒乳豬作為酒席中第一道菜，豬頭還鑲上兩隻小燈泡作為裝飾，菜名叫鴻運乳豬全體，這閃亮登場的架勢，是香港飲食界在七、八十年代流行起來，並影響到東南亞，尤其是泰國曼谷，據說至今席中有乳豬全體就必有燈泡。

啫啫煲

成語「南蠻鴃舌」，鴃（粵音：決）即伯勞，古又稱「鵙」，是一種生性兇猛的小雀鳥，常見停佇在樹梢和電線杆上。這個成語的出處，為孟子譏諷楚人許行說話如鳥語，見《孟子．滕文公上》：「今也南蠻鴃舌之人，非先王之道，子倍子之師而學之，亦異於曾子矣。」後來人們用來譏笑南方方言。清采蘅子《蟲鳴漫錄》中曰：「彼時江以南，為南蠻鴃舌之鄉。」可見古代文人如何看不起南方方言。

廣東話是中國眾多方言中，最形象、最富幽默感的一種，有人認為廣東話粗俗，但其實本來的文字受中原影響，甚為文雅。晚清廣東文學家陳澧所著的《廣州音說》中曰：「蓋千餘年來中原之人徙居廣中，今之廣音實隋唐時中原之音。」廣東話中不乏古風遺語，例如：於是乎（於是）、姑勿論（且不說）、卒之（最後）；一些以為只能說不能寫的疊字，原來也有本字，例如：熱𦒉𦒉（音：熱辣辣）、烏黢黢（音：烏卒卒）、濕泅泅（音：濕立立）、老慽慽（音：老兀兀）、脹畐畐（脹卜卜）……

說到疊字，還有「啫啫煲」。啫啫煲並非源自香港，家翁在《食經》中記載，這是四十年代廣州某平民酒家的巧手製作，最初名為豬膶煀雞，食客們戲稱為「喳渣雞」，傳到香港後變成「啫啫雞」。無論「喳渣」或「啫啫」，都是形容原鑊上桌時還滋滋作響，「夠鑊氣」也。

鼎湖上素

上世紀二十年代至日戰爆發前的民國時期，中國軍政中心南移廣州，刺激了飲食業蓬勃發展。「食在廣州」其實是指這段風光日子，廣州一度成為風雲際會的大都會，廣府粵菜進入了二、三十年的興旺期，很多傳統名菜就是在這個時期誕生的。

家翁特級校對陳夢因在著作《粵菜溯源錄》中，記載了當時廣州四大酒家的名菜，有南園酒家的紅燒大網鮑、西園酒家的鼎湖上素、文園酒家的江南百花雞，及大三元酒家的六十元大裙翅。

西園酒家的位置靠近六榕寺，前往進香的遊客很多都會到西園吃飯，西園的主廚八卦田於是推出羅漢齋麵，作為午市和茶市的麵食。鼎湖上素也是八卦田創製的，其實是用上湯煨煮菇菌，並非齋菜。鼎湖上素是筵席上的大菜，上菜時規定先上鼎湖上素，然後才可上魚翅。

西園的老闆「酒樓王」陳福疇，更利用肇慶鼎湖山慶雲寺的住持到六榕寺講經的機會，命八卦田烹製鼎湖上素，以上師親授的名義推出，大受上香貴客歡迎。

傳說時任廣東省主席陳濟棠的夫人，邀八卦田到會烹調齋宴，並指定要吃鼎湖上素。因為是齋宴，不便帶肉類去煲上湯，八卦田便心生一計，以十幾條白毛巾吸滿上湯帶入府中，先把上湯煮出來，然後再煨三菇六耳（冬菇、草菇、蘑菇、黃耳、榆耳、石耳、木耳、銀耳、桂花耳）。此次到會，使西園的鼎湖上素更加揚名四方。

荔灣艇仔粥

廣府人好鮮味，講究食材煮到「僅熟、啱啱好」，既非生，也不過熟，停留在由生轉熟的瞬間，口感和味道都在最佳狀態。荔灣艇仔粥，正好表現這種民間智慧，平凡中見真章。

明末清初，廣州西郊河涌的兩岸種了很多荔枝樹，故名荔灣，這裏景色怡人，吸引了不少遊人墨客來郊遊。特別是在夏天的晚上，人們來荔灣觀看星月碧水，還有一個重要的節目，就是吃著名的艇仔粥。

艇家們會在小艇上向岸邊的遊客們兜售粥品，他們預先煮好大鍋粥底，備齊配料，有客人買時才滚粥。以前粥的配料比較豐富，包括蝦仁、豬肚絲、海蜇皮、鮮魷等，味道鮮美可口，這就是著名的「荔灣艇仔粥」，也有「食夜粥」之說。艇仔粥傳到香港成了早餐的粥品，配料也變得越來越簡單了。

艇仔粥同時用上「滚」加「泡」兩種典型的陳塘風味艇菜烹調法，精妙之處就是讓材料的口感鮮、嫩、脆、滑。所以，艇仔粥上桌時不要立刻吃，讓滾燙的粥稍為「泡」半分鐘，這樣粥底的碎牛肉和魚片就會剛好熟了。

西湖牛肉羹

芫荽（荽粵音：需），香港人讀成芫茜（粵音：西），內地則稱為香菜，英文是 Cilantro 或者 Coriander，原產於地中海沿岸，據說是漢代張騫出使西域，將它帶回中國，所以古稱「胡荽」，「胡」泛指西方異族，而「荽」則專指這種植物的名稱。後來，人們發現胡荽可辟除魚的腥味，而「芫」字在《說文解字》中曰「魚毒也」，後來就改稱為「芫荽」了。

芫荽味道芳香，是中國最常見的蔬菜及調味料，北方人更是做熱菜、涼拌、包餃子都離不開它。廣東人做菜喜歡用小蔥，芫荽多數只是用作裝飾，而忽視了它的好處，特別是去魚腥的作用。

很多香港人都以為西湖牛肉羹是一道香港獨創的菜式，其實不然。清末民初的某時期，廣州的酒家流行做羹，有位廚師忽發奇想，用芫荽和碎牛肉做了一道羹，又因為芫茜的「茜」粵音為西，於是取名為「西湖牛肉羹」，其實與西湖沒有半毛錢關係，卻意外令芫荽在粵菜中提高了些微地位。「西湖牛肉羹」以芫荽為主料之一，就這樣慘被人「西湖」了百多年。

魚唇紅燒肉

很多人都不知道「魚唇」究竟是什麼東西，其實那並不是魚的口唇，稱為「魚唇」是誤導了。魚唇是來自鯊魚的尾鰭，上下兩端魚鰭之間的肉膜，全塊無骨無翅，形狀似一塊船帆。魚唇浸發後呈灰白色，晶瑩剔透，柔軟而有彈性，含豐富天然膠質，與魚翅的營養價值相若，口感似薄花膠，但身價就差得遠了。

魚唇作為食材，歷史已經有千多年了，最早的記載在唐代，名稱與現在不同。清代的《調鼎集》中稱它為「魚沖」，列作名貴的「中八珍」食材之一；在《清稗類鈔》中更有「魚唇席」的記載，但近代的烹飪書籍已很少提及魚唇。據說吃魚唇能提升活力，故千多年前已是宮廷貢品，「魚唇」之名亦是由明朝皇帝所賜，從此不論厚薄，都稱作魚唇。魚唇之最上品，當數「天九魚唇」，它來自天九翅的皮層，厚身，浸發起來晶瑩通透，而且膠質比花膠更豐富，由於貨源稀缺，當然價錢也最貴。

在清代的廣州粵菜中，魚翅和魚唇都是達官貴人的盤中貴饌，其他外省菜系對魚唇則甚少接觸，唯上海菜除外。上海經歷兩百多年的經濟繁榮，孕育出海納百川的上海菜，當然不會忘記魚唇，香港的上海和江浙菜餐館都有採用「五羊魚唇」或「老五羊魚唇」製作魚唇的菜式。

魚唇是相對平價且容易操作的海味食材。買回來的乾魚唇，樣子不討好，像一塊乾木片，腥味較重，但只要懂得浸發，腥味很容易除去，還可以烹調出矜貴的菜式，例如魚唇羹、蟹粉燴魚唇、魚唇紅燒肉等等。

沙嗲金錢肚

傳統的廣州飲早茶，會把素點和葷點在點心紙中分開寫。記得多年前到廣州，與朋友在一家茶樓飲早茶，見到點心紙中有一欄叫「港點三葷」，就是我們常見的豉汁蒸排骨、豉汁蒸鳳爪和沙嗲金錢肚。

沙嗲金錢肚入列「港點三董」，與排骨、鳳爪平起平坐，確是有些意外，為什麼三董不是淮山雞扎或山竹牛肉？

牛有四個胃，金錢肚是當中第二個，叫做「網胃」或「蜂巢胃」，由於表面紋路形似舊時的錢幣，香港人好像從來叫它做金錢肚。這個好意頭的名字，似乎令金錢肚的身價比其他三個胃——草肚（瘤胃）、沙瓜（皺胃）、百葉（瓣胃）顯得高貴一些。

金錢肚容易入味，口感煙韌柔軟。在一碗牛雜粉中，金錢肚的份量相對其他內臟總是比較多，因為自七十年代起，從美洲來的冷藏金錢肚在香港常有供應，洗得乾乾淨淨，包得妥妥當當，反正美國人不吃內臟，香港市場是個好出路。所以金錢肚的價錢比牛腸、牛肺便宜也是當然。下次吃牛雜粉時，想不到你在吃外國牛肚吧！

洋塘馬蹄糕

洋塘村位於廣州荔灣區，在古代是由珠江泥沙沖積而成的低窪地，土質肥沃。當地居民開挖池塘，種植水生植物，其中以馬蹄最為出名。泮塘種的品種是水馬蹄，澱粉質高，做出來的馬蹄粉粉質細膩，顏色乳白，有清香，是做馬蹄糕的好選擇。桂林馬蹄也很出名，但當地種的是偏向水果的紅馬蹄，口感清甜爽脆，用泮塘馬蹄粉做成的軟糯馬蹄糕加上又甜又脆的桂林馬蹄，堪稱絕配。

關於馬蹄糕的最早記載，據說可上溯至唐初貞觀時期。當時為了準備太子李治（後來的唐高宗）的登基大典，朝廷派員四出尋訪祭祀供品。時任嶺南節度使得知廣州城泮塘所產的馬蹄、蓮藕、茨菇、茭筍、菱角有盛名，遂命畫匠繪以泮塘五秀圖，並附上五物進貢朝廷。高宗得圖物甚喜，遂將之納入登基祭品。後再經太醫品評，證實五秀有清熱解毒的功用，對人體健康有益，因此列為貢品。

中國人過農曆年素有吃糕的習俗，入冬後馬蹄當造，以此做糕最為鮮美。而且馬蹄糕寓意「馬上高升」，最適合過年討個好彩頭。

馬𫲣糕

馬𫲣糕起源於上世紀二十年代的廣州，是香港最早期的點心之一，英文譯名為 Cantonese sponge，一般稱為「馬拉糕」，但與馬來西亞的「馬拉」無關。有人說馬拉糕是由英國的海綿蛋糕變化而來，但只是坊間傳說。

很久以前，廣州的「鬆糕」是用發酵的秈米漿做的，畢竟南方是米食文化的地區。隨著北食南移，麵食製品在廣州流行起來，人們發現麵粉的發酵能力比米粉強，於是廣州市面上的鬆糕很快就用小麥麵粉代替了秈米粉，糕點的鬆軟程度大大提高了，被認為是真正的鬆糕，廣州人稱它為馬𫲣糕。香港人稱之為馬拉糕，傳聞是與某次馬拉松運動有關，也可能另有故事但不詳，畢竟廣東話的「𫲣」與「拉」同音，馬拉糕就此約定俗成了。

廣州在未發展出茶居茶樓之前，村民會在路邊擺茶寮，做這類鬆糕小食出售，後來演變成茶居茶樓的點心。至六、七十年代，香港茶樓的星期美點有「雞油馬蹄糕」，是用雞膏熬成雞油加入糕漿，蒸出來的糕會較香和鬆滑；有茶樓是用豬油，有些會用牛油使味道較香，也是一種中西合璧的改變吧。

沙糖桔

近日見生果店有很多沙糖桔，沙糖桔是晚熟品種，只在冬天當造，未到立春便消聲匿跡，現在正是當造的季節。街市小販賣二十元三磅的沙糖桔，我每次買菜見到，必定順手買三磅。我家老陳最喜愛的水果就是沙糖桔，他總愛一邊看電視一邊吃，剛買的一大盤沙糖桔，不出兩天就都轉眼化作桔皮。入到廚房，見家中菲傭也買了大盤沙糖桔獨自享用，看來愛吃沙糖桔並無國界。

「桔」在古代典籍中通常稱為「橘」，「桔」是嶺南地方的俗稱，特別是廣東人，講究吉祥之意。橘子樹只生在南方，到了北方便不能生長。屈原曾寫過一篇《橘頌》，文中句曰「受命不遷，生南國兮，深固難徙，更壹志兮」，以物喻意自己像橘樹一樣，意志堅貞，不會隨波逐流離開故土。

東晉時期，書法家王羲之送贈橘子給朋友，付上手札《奉橘帖》，曰「奉橘三百枚，霜未降，未可多得」，可見當時橘子在朋友間互贈共享，乃多多益善，茗茶吃橘，古之美事也。王羲之在浙江會稽撰此文，所贈的三百枚橘應該不會是細小的沙糖桔，如果是浙江當地的橘子，應該要裝滿一架木頭手推車了。

沙糖桔小巧玲瓏，皮薄多汁，甜酸適口，尤以廣東四會出產的為極品，曾被內地的果品研究中心譽為果中之王。雖說水果換了水土就會變了味，但今日的沙糖桔已經不只在廣東四會種植，附近地區甚至廣西都種上了，否則沙糖桔的價錢，又怎能做到零售二十元三磅？

1.2 順德

大良炒鮮奶

大良炒鮮奶是順德大良第一名菜，始於民國初年。但鮮奶是水質的，怎樣可以炒？其實無論用炸或炒，牛奶中都要加入蛋白和芡粉才會成為半固體狀，再配合鮮蝦蟹肉之類作為載體，就成為嫩滑可口的菜式。

順德人炒鮮奶時會用水牛奶，令很多人以為買不到水牛奶就做不了這道菜。但事實上，用水牛奶的原因最主要是它含的水份比較少，比一般牛奶香濃，與能否凝固無關。因此，用優質的全脂鮮奶都可以，但如果盒上標明成份是水和奶粉的合成牛奶，就不適合用了。

熱油溫鑊是炒鮮奶成功的要素，鑊溫太高，奶漿會馬上燒焦，油溫太低，則奶漿不會凝結。把油燒熱後要先熄火等半分鐘，讓鑊涼卻，然後慢慢加熱，如此才可讓鮮奶能夠凝結而不被炒焦。把鮮奶蛋漿徐徐往油的中心倒入，炒時必須有耐性，不能快炒，不要攪動；看見鮮奶蛋漿開始凝結時，用鑊鏟背慢慢推動，一邊加入少許豬油或生油，讓它一層一層變熟凝結。如果凝結得太慢或不凝結，再開小火，繼續慢推到完全凝結。記得不要把鹽直接加入鮮奶蛋漿中，否則會出水。

大良煎藕餅

順德自古是魚米之鄉，從宋代開始種桑養蠶，到了明清兩代更成為絲綢之都，男耕女織，生活富裕，對飲食的要求自然較高，培養出別具特色的飲食文化。

上世紀三十至七十年代，因國際經濟蕭條，絲綢出口受阻，絲業凋零，南番順一帶決心丫角終老的自梳女，紛紛到香港和南洋打工做女傭，人稱「媽姐」。因為廚藝了得，媽姐甚受歡迎。煮飯做菜的順德媽姐，扮演了弘揚順德飲食文化的傳播媒介，功不可沒。

當時廣州富戶、香港的富戶人家和中產階級，很多都會僱用媽姐做傭。媽姐們把順德的烹飪技術和菜式風味帶到香港，深入每一個家庭，用最平凡的時令食材，做出好吃的小菜，從此成為香港最普遍的家常菜式。我小時候是由家中順德媽姐帶大的，各式順德小菜伴我成長，現在仍非常懷念那家的味道，每次在街市看到蓮藕，腦海中總會想起那煎得香噴噴的大良煎藕餅。

順德菜中的大良煎藕餅，真是各處鄉村各處例，各村按自己習慣，加入不同的配料，做出各有特色的煎藕餅。煎藕餅本身就是家庭小菜，只要有蓮藕，家中有什麼材料就配什麼，亦可以隨著季節而變化，常見的有碎豬肉、臘肉、臘腸、蝦米、蝦乾、冬菇等。

像煎藕餅這種小食，正是隨意發揮心思的好題材。例如我母親年邁時，牙齒不好，那時候我們家做的煎藕餅，就不再放臘肉臘腸，而改用鴨膶腸，竟發現味道更甘香惹味，口感更鬆化。不過鴨膶腸味道濃，不能放太多，半條已足夠，以免奪了蓮藕的清香。

大良野雞卷

順德名菜大良野雞卷，地位僅次於傳統名菜大良炒鮮奶。舊社會重男輕女，宴會上男女分席，女席上吃春花肉（網油炸豬里肉），而男席則上野雞卷，可見野雞卷的地位較高。

雖名為「野雞卷」，但與雞肉其實沒有半毛錢關係，而是用薄切如紙的「冰肉」（用玫瑰露和冰糖預先醃製的肥肉），再與豬柳肉及火腿相疊捲成圓條，蒸熟之後以蛋清、菱粉包裹炸成。做得好的野雞卷，口感鬆化甘脆，肥而不膩，最能反映順德菜之巧手精工。

大良野雞卷在順德菜中已有過百年歷史，但製法眾說紛紜。據順德檔案館記載，野雞卷在清朝時的做法是用「乾鑊炕熟」，而不是炸的。富貴人家有婢女廚娘十妹八婆，用爐仔把肥肉炕爆出油珠，慢工出細貨，能想像做出來的野雞卷必然酥脆無比。後來，清末大良豪紳龍季許在鄉試中考上副榜舉人，在春岩祠大宴親朋，因「筵席較多，迫不及待，改用油炸」，從此餐館酒家的野雞卷就用油炸而成，雖然口感可能稍遜，但仍不失其風味。據史料說只有清末鄉試才有副榜，因此改用油炸這種做法發生在清末是對的。

野雞卷最宜用來送酒，於是一般吃順德菜時，會在筵席開頭先上。據說另一傳統是在野雞卷上席時配一碗白粥，或喝一碗隔渣的無米粥水，應該是解膩之用。

煎釀鯪魚

順德是水鄉，河鮮資源豐富，盛產鯪魚、鯇魚、鯿魚、桂花魚、嘉魚、黃骨魚、珍珠鯽、鮎魚、冧哥等，其中在順德最有代表性的就是土鯪魚。土鯪魚味道鮮美，肉質嫩滑，但魚身骨很多。傳統的順德名菜煎釀鯪魚，就是用刀起出土鯪魚的整副骨架，而仍保留整條魚的頭尾和皮囊，再把魚肉切成薄片，細骨全部切碎，魚肉剁爛並撻至滑身，叫做魚滑或魚青。這樣做吃不到魚骨，但仍保留鯪魚肉的鮮味，再加入惹味的配料，釀回魚囊中，又是一條魚的模樣，精細的心思加上神奇的刀工，真叫北方人看到目瞪口呆。

香港街市的淡水魚檔都有賣鯪魚，有一些檔主在不忙碌的時候，會願意為顧客起出魚肉，留起皮囊做釀鯪魚，但是要多付幾塊錢。想自製釀鯪魚的朋友，最好提早一天向魚檔預訂，而且不要在街市最多人的時間去，否則檔主可能不理睬你。

煎釀鯪魚的好處是可以自選餡料，傳統會用冬菇、臘肉、蝦米加鯪魚肉，我家老陳喜歡加鴨膶腸，更是甘腴可口。另一個好處就是煎釀鯪魚可以預先做好，用保鮮紙包住，放冰格冷藏，吃之前拿出來自然解凍，再煎至金黃便可，淋不淋醬汁都一樣好吃。過年做煎釀鯪魚，傳統上是一次做兩條，一條在團年飯時吃，另一條留到初二開年飯，寓意年年有餘。

煎釀三寶

現代人崇尚健康，但煎釀三寶仍然是香港人喜愛的街頭小食。隨著時代變遷，煎釀三寶的款式越來越多，釀茄子、青椒、豆腐、涼瓜、紅腸、冬菇，能釀的就能煎，花樣不少，但一切都離不開鯪魚肉。

煎釀三寶的來源有不同說法，有人說是客家的食物，因為客家人喜歡做釀的菜式，東江豆腐煲就是傳統代表，還有煎釀虎皮椒。但是客家人的釀菜，餡料主要是用豬肉，所以煎釀三寶應該不是來自客家，而是來自順德這個鯪魚之鄉。順德小販挑擔賣炸鯪魚餅，已有好幾百年。清同治年間，有位順德均安的小販改炸為煎，外焦內嫩的均安魚餅從此出了名，成了順德名菜，而用鯪魚肉做的魚餅，由於材料成本高，於是後來就發展成釀進豆腐蔬菜中，葷素結合，更受歡迎。

煎釀是順德菜常用的烹調技法，煎釀豆腐是當地家家戶戶的拿手好戲，但順德的煎釀三寶通常不包括煎釀豆腐，而是苦瓜、青椒和茄子，可能煎釀豆腐可以獨立成菜，不與其他蔬菜混為一談。

煎釀三寶本來是順德人端午節時吃的家庭菜，後來成為著名小食，而它之所以風行香港，一定要多謝當年的順德媽姐。上世紀三十年代全球經濟大蕭條，導致順德的繅絲業迅速凋零，同時也造就了一大批來香港打家庭工的婦女，稱為媽姐。媽姐把順德的烹飪技術和風味帶到香港，當中就包括了煎釀三寶、釀鯪魚、煎藕餅、炸鯪魚球、順德魚腐等等美食。

均安蒸豬

自從中央提出「大灣區」概念並著力開發，加上交通越來越方便，順德的旅遊和美食近期大受關注。順德現時是佛山市的一個區，下再分為六鎮四街道，即大良、北滘、陳村、樂從、容桂、倫教、杏壇、龍江、勒流和均安。

順德的均安鎮，被評為「中國曲藝之鄉」和「廣東省民族民間藝術之鄉」，文化傳統深厚，也是李小龍的家鄉，建有李小龍紀念館。均安著名的美食有均安魚餅，和遊人必食的均安蒸豬。

均安蒸豬本是一道風味獨特的農家菜，因為美食家蔡瀾和唯靈的推介，以及央視《舌尖上的中國》的介紹而全國聞名，而均安蒸全豬的技藝更被列入均安鎮「非物質文化遺產」名錄中。

去均安鎮旅遊，會見到很多均安蒸豬店都在店前用一個很大的長方形木盒來蒸豬，香氣四溢，任途人參觀，可以即場買小包試食。做法是先把豬宰好，拆去大骨，整隻豬用鹽、糖、五香粉等醃兩小時，把豬趴在一個拱形的鐵架上，放入特製的木蒸箱，再把蒸箱放在農家土灶的大鐵鑊上，用大火蒸一小時以上，切開再灑上芝麻即成。均安蒸豬皮滑肉爽，入口甘腴酥化，吃時不用蘸醬料。

順德陳村粉

幾年前去了一次順德陳村鎮，就是為了想吃正宗的陳村粉。據說九十多年前，陳村有一名做粉麵的村民叫做黃但，他在做廣東沙河粉的技術基礎上，創造出一種新的粉食，比沙河粉更薄身，口感更爽更滑，推出後大受歡迎，後來更流行到省港澳，人稱陳村粉。

陳村鎮的面積不大，橋南路有一家「陳村粉食府」，招牌上有黃但二字，說是始於一九二七年，可能是黃家後人開的店。我們點了蒸和炒的兩種陳村粉，果然很爽滑薄身，但是否仍是手工製就不知道了，因為服務員活像個機械人，面無表情，想多問一句他已轉身走開。我見有甜的陳村粉，便點了一碟，看來真的是即點即做，用陳村粉包著紅豆蓉，蒸好再淋上椰汁，這甜品絕對是值得等待二十分鐘的。

製作正宗的陳村粉，對選米的要求很高，據說新米要放半年才能用，浸米要手搓二十分鐘，磨米漿要用青石磨，要吃到如此手工正貨，當然就要去陳村當地。試過買香港好幾間粉麵廠製作的陳村粉，都比較厚和乾身，嫩滑程度遠不及順德的，但比起普通的沙河粉，總算是多了一份鄉土風情。買回來的陳村粉不要放入冰箱，最好即日蒸食。

風生水起

用魚生做撈起，據說始創地是廣東順德，早在幾十年前已經風行東南亞以至太平洋彼岸。家翁特級校對陳夢因在六十年代的著作中，以「譽滿中外」來評價順德魚生，在美國加州的三藩市、屋崙、洛杉磯等唐人街，每年人日正月初七，撈魚生的風氣都很普遍。不僅順德同鄉有撈魚生的聚會，連其他地方的僑社也會聚眾吃魚生；唐人街的餐館在人日也會賣順德魚生，一直賣到正月十五上元節。

魚生在古代稱為「魚膾」。吃生的魚，從三千多年前的商朝已經有，稱為「魚膾」，周天子若見芥醬，便知有魚膾的菜式了；在宋代甚至有專業的膾匠。吃生是南方的古越國人，包括畬族和古蜑民之遺風，也是廣東當年被稱為「南蠻」的原因之一。

唐代時期，廣東已發展出名為「風生水起」的吃法，是菜式也是儀式。把生魚片和多種配料放入一口大鉢內，食者合力拌之，然後齊呼「撈得風生水起」，這正是源於順德地區的食祭。順德自古有「魚米之鄉」的稱號，是秦末漢初南越國的重鎮，從來都有吃魚生的習俗，凡節慶宴席都會撈「風生水起」，取個吉利意頭。順德的龍江、龍山，是傳統愛吃魚生的地區。

順德魚生與日本魚生不同，順德魚生是平民大眾的食物，更是節慶佳餚。順德魚生選用本地淡水魚，再加上不下十種配料的醬料，生魚片則用肉桂粉醃過，據說可殺死寄生蟲。

涼拌魚皮

在吃牛腩粉魚蛋粉的小店，我們通常可以吃到潮州的炸魚皮，超市也有賣包裝炸魚皮，近年還有鹹蛋黃炸魚皮；但要吃涼拌爽脆魚皮，就要去順德菜館或者傳統生滾粥的店。近年生滾粥店越來越少，更難吃到爽魚皮了。

涼涔涔的爽脆魚皮，夾著薑絲蔥絲一起吃，味道和口感都得到滿足。這道菜我絕對不會在家裏做，小時候家中的順德媽姐也曾做過，但不及外面做得爽脆，魚皮也不好買，還是到餐館吃好了。

爽魚皮的做法由巧手精工的順德人始創，是粗料精做的傑作。做爽魚皮的過程可算是化腐朽為神奇，用大條淡水魚（通常是鯇魚），先手工起出魚皮，鏟去魚肉，醃製，焯水後冰凍。焯的時間要很準確，必須由有經驗的師傅來操作，魚皮爽不爽，就靠師傅的手勢了。做涼拌爽脆魚皮，加薑絲蔥絲，再淋上各家各法的秘製豉油就可以了。

爽魚皮在順德還有另一吃法，在過年過節或飲宴時，會製作一道七彩撈起魚皮，用爽魚皮代替魚生，拌以海蜇絲、豬肚絲、蛋絲、酸薑絲、炸粉絲、酸藠頭等十幾種配料，顏色七彩繽紛，意頭好氣氛好，味道更好。

倫教糕

倫教糕的名字，源於它是清代咸豐年間，首創於順德的倫教街道。它從來只出現在街頭小販及茶寮，但不知何解，民國時期倫教糕被傳到上海，還產生了兩種味道：白色的桂花倫教糕及紅色的玫瑰糕，更被魯迅先生寫進小雜文《零食》和《弄堂生意古今談》中，得以被更多人認識。

一九五六年，在廣州名菜美點展覽會上，倫教糕被評為名牌食品；二〇一三年，倫教糕被列為「佛山十大名小吃」，現時倫教糕的製作技藝已被列入「順德區非物質文化遺產」名錄。

香港人多數叫倫教糕做白糖糕，亦只賣白色的一種。倫教糕的特徵為外表雪白油潤，內有橫直小孔相連，味道清甜。小時候，見過有小販身上掛著竹籮，在街上叫賣「倫教糕、白糖糕」，那響亮的聲音到現在還彷彿記得。自從七十年代政府禁止流動小販，白糖糕的利錢又低微，街上叫賣白糖糕的風景就消失了，只剩下個別小食店或粥品店，還有碩果僅存的老師傅在做白糖糕。

據家翁特級校對陳夢因的回憶，抗戰勝利後，國民黨將軍李漢魂移居美國，曾在紐約開菜館，其中一道很受歡迎的小食就是炸白糖糕。

說起倫教，近幾十年經濟以電子、木工機械、玻璃機械和首飾加工業為主。二〇一〇年上海世博會的開幕式上，國家級非物質文化遺產香雲紗（莨綢，曾俗稱黑膠綢）名聲大噪，而倫教就是香雲紗的生產地，設有「廣東省香雲紗文化產業園」和「香雲紗文化遺產保護基地」。倫教除了倫教糕，還有馳名的羊額燒鵝。羊額是倫教的一個墟，羊額燒鵝已有三百多年歷史，以肉厚多汁、骨髓甘香著名。家翁特級校對在《食經》中稱它為人間美食，去順德旅遊時不妨一試。

1.3 客家

東江鹽焗雞

中國人食鹽，已經有五千多年的歷史，當時黃河下游的宿沙氏部落在沿海地帶煮海為鹽，是古代史料中最早的記錄。

鹽是除了米麥等主糧之外最重要的食物，中國歷史上就有不少為爭鹽、販鹽、運鹽、製鹽而發生的大事。我國海鹽的主要產地，是東南面的沿海地帶，特別是廣東汕頭更是自古以來的大鹽場。由於中國內陸省份古時嚴重缺鹽，海鹽基本上全部內銷，歷代朝廷都對鹽採取非常嚴厲的管制，南宋時期更實行某地區必須只吃指定的某些鹽，違者會被判刑，可見吃鹽早已成為社會問題。惠州本來並非海邊鹽場，但幾百年前清朝政府在惠州成立掌管鹽政的大衙門，大量的海鹽運到惠州集散，再沿東江運去全國各地，於是形成官商雲集，使惠州這個地方因為鹽而興盛起來。

清朝的鹽商收入豐厚，經常大排筵席，宴請各路客人以疏通關係，東江菜亦因此應運而生。據說每天的筵席或者祭祀過後，剩下了做得過多的雞，天氣炎熱無法保存，人們就想出辦法，把熟雞用海鹽醃鹹，吃時用水沖去表面鹽份，結果大受歡迎，這就是鹽焗雞最初的起源。在民間流傳開來後，亦有稱為客家鹹雞，是用適量的鹽來醃，畢竟鹽對窮人來說是很貴重的。後來，客家廚師們再作改良，用玉扣紙或草紙包著醃過的三黃雞，放在鍋中用炒熱的海鹽燜焗一個多小時至熟，並趁熱手撕，直接上桌，香噴噴的鹽焗雞令人回味無窮。這種做法三百多年來沿用至今，現在最正宗的幾家鹽焗雞店主要集中在梅州地區，由於歷史悠久，客家鹽焗雞已被廣東省認定為「省級非物質文化遺產」。

上世紀四十年代，一位原籍興寧的鹽販，在廣州最繁華的城隍廟附近開了一家寧昌飯店，主要菜式就是賣手撕鹽焗雞，大受廣府食客歡迎，名聲大噪，從此成了粵菜的著名菜式。一九五七年，寧昌飯店被公私合營，遷到廣州中山四路，易名為東江飯店，而手撕鹽焗雞亦易名為東江鹽焗雞，風行粵港澳。

南雄客家燜豬肉

廣東省北部有一個南雄縣（今南雄市），位處梅嶺古道的要衝，南雄縣下有個珠璣鎮，珠璣鎮中有條珠璣巷，是南下的漢族移民的其中一條重要途徑和中轉站。中原漢人在珠璣巷以至南雄盆地暫住下來，經過一段時間的休養生息，部份人繼續往西遷移到廣西，後來成為廣西的客家人；部份人則往南走，最後到達廣州一帶，完全和廣府人融為一片，並沒有被當地人稱為客家人，而是從此成了廣東人，操廣東話，吃粵菜；有部份人則繼續向南走，成為雷州半島及沿途地區的客家人。而留在南雄縣的人，較完整地保留了客家人的語言和生活習慣，今天的南雄市是一個百分百的客家城市，而珠璣巷也成為客家和非客籍廣東人的尋根聖地。

世界上每一個有客家人的地方，都有燜豬肉這道菜，做法大同小異，主要是配菜不同，有放香菇、梅菜、麵筋、筍乾、木耳、酸菜等，風味各異。南雄位於廣東省與江西省、湖南省三省交界，南雄的客家菜也吸收了這兩省的風味。湖南菜有酸有辣，湖南的酸豆角、酸筍和酸菜很著名，南雄的客家燜豬肉就是以客家鹹酸菜作為配菜，鹹酸菜吸收了豬肉的味道，使這道菜在平凡中有錦上添花的驚喜。

車田豆腐

河源市是廣東東北部客家人聚居的地方，下轄的龍川縣位於東江和韓江上游，春秋戰國時期屬百越之地。公元前二一四年，秦始王派遣任囂與趙佗平定嶺南，建南海郡、象郡和桂林郡，龍川成為了南海郡管轄的一個縣，首任縣令是後來的南越國開國君主趙佗。龍川建縣至今二千二百多年，是廣東省歷史最悠久的四個古縣之一，古縣城「佗城」至今仍保留著趙佗及秦軍駐紮的遺蹟，其他著名景點有越王井、越王廟、正相塔、孔廟等，是廣東省級歷史文化名城。

龍川縣的人口以漢族客家人為主，絕大部份居民都講客家話，當地的客家山歌和雜技頗有名氣。龍川的客家菜屬東江菜流派，鄉土氣息濃重，特色是偏鹹和偏油。

龍川縣下轄二十四個鎮，其中一個車田鎮，著名特產正是皮香肉嫩、豆香撲鼻的車田豆腐，所謂「豆腐好吃數嶺南，嶺南豆腐看東江，東江豆腐數車田」。車田豆腐採用東江上游的天然山水及當地的綠衣黃豆製成，有石膏豆腐及鹽鹵豆腐兩種。車田豆腐煲與香港的東江豆腐煲相似，不同的是，肉餡中還加了豬油渣，別具風味。

客家釀苦瓜

苦瓜是一種很奇怪的蔬菜，幾乎所有小孩子都不肯吃苦瓜，但人到中年，就會慢慢愛上。廣東人對食物的名稱講究意頭，怕人生吃苦，就改叫它做涼瓜，原來它真的是性涼的。苦瓜含大量的清脂素，能有效消除脂肪，喝生磨的苦瓜汁減肥效果更佳；熟食的苦瓜，清脂素會相對降低，但像我這樣身體虛寒，不敢喝生苦瓜汁的朋友，偶然可用苦瓜與紅蘿蔔或蘋果一起打汁。苦瓜能清熱明目、降血壓、降血糖，最適合糖尿病患者食用。

香港常見的苦瓜有長身淺綠色的英引苦瓜，以及俗稱「雷公鑿」的大頂苦瓜，呈深綠色長橢圓形，表面凹凸不平，每年由四月到九月初當造。

廣東惠陽有一個地方叫淡水，台北也有一個區叫淡水，兩個淡水的共通點，就是它們都是客家人聚居的地方。廣東的淡水連同惠陽、河源、梅州、坪山、坑梓，形成了一個很大的客家人生活區。淡水自古是個客家農村，人們以務農為生，生活勤儉樸素，最大的樂趣就是家族聚會。淡水人在聚會上吃釀苦瓜，就等於北方人包餃子，是把釀苦瓜作為主要餐食，每一次做幾大盆，一天吃不完第二天再吃。淡水人吃釀苦瓜的風俗是由男人動手釀，做法並非香港一般的豉汁釀苦瓜，特點之一是選用「雷公鑿」；二是瓜餡中有魚有肉，還有莧菜，營養均衡；三是絕無煎炸，非常健康；四是苦瓜一刀橫切，煮好後每人一碗一個，有湯有菜有肉，既飽肚又健康。

客家還有一句苦瓜的諺語「鹹蛋炒苦瓜，又鹹又苦」，寓意生活艱辛，命途悲苦。事實上，金銀蛋炒苦瓜是一個很精彩的配搭，在台灣是很流行的客家菜式。鹹蛋的味道能令苦瓜的苦味變淡，更突出了苦瓜的甘香，而苦瓜又令鹹蛋的鹹香更有滋味。

客家蒸鹹鵝

家翁特級校對陳夢因，是上世紀三、四十年代著名的戰地記者，足跡幾乎遍及全國，廣交朋友遍天下。一九九二年，家翁把很多回憶結集成《記者故事》在香港出版，為後人記錄了不少珍貴的歷史資料。《記者故事》中，有一篇文章提到老朋友孫乾，他是家翁夫婦的證婚人，交情深厚。孫乾曾在意大利學習軍事，上世紀三十年代當上中山縣的縣長，管理有方，而後來中山縣之所以成為「模範縣」，就與家翁有關了。

一九三八年，有次中山縣城被山賊圍困，居民惶恐終日，剛好家翁夫婦身在中山，縣長孫乾便向家翁請教如何退賊。家翁以記者身份行走江湖，膽識過人，聽罷便一身長衫上山談判。山大王見他獨自上山，很是驚訝，心想此人竟然不怕死，心中有了三分敬重。經家翁三寸不爛之舌，曉以大義，竟與山大王稱兄道弟，杯酒言歡，山大王答應解除中山縣圍困，並承諾只要孫乾一日為縣長，山賊永不侵犯，於是中山縣就成了無賊模範縣了。

家翁回家後第一件事告訴夫人的，不是他如何威風退賊，而是在賊竇吃到的美酒美食，更大讚當中的客家蒸鹹鵝，簡單、粗野、鮮美、原汁原味。蒸一隻鵝動輒八至十斤，家中的鑊不夠大，曾試過用鴨代替，但始終比不上當日在賊竇中所吃的蒸鵝美味，令家翁引為憾事。

客家糯米酒

傳統客家人熱情好客，無酒不成席。喝酒是客家人從小的習慣，他們把擺筵席宴客稱為「做酒」，例如做生日酒、做滿月酒、做拜師酒等等，影響所及，港澳地區至今都稱之為「酒席」，成了香港人普遍對宴會筵席的稱呼。

客家糯米酒，就是客家人釀的黃酒。客家人釀造黃酒的歷史可追溯至宋代，以前的新界客家人，在每年九月冬至前後，家家戶戶的大事就是釀好糯米酒，經過秋收農忙季節，待到農曆年就有新酒了。至上世紀九十年代，新界的客家人已很少在家中釀酒，客家糯米酒普及成超市的貨品。一九四五年成立的悅來醬園，在一九七三年遷至新界上水，是香港專門釀製客家糯米酒的酒廠。

客家糯米酒呈黃褐色，酒精度不高，口感偏甜。除了日常炆煮之外，無論逢年過節、祭祖祭神、喜慶彌月、招待客人，席中男女老少都會喝客家糯米酒，用來和老薑煮雞，更是客家婦女坐月子的必然營養補品，所以客家糯米酒也稱為「客家娘酒」。

客家糯米酒的營養價值，除了產婦坐月子時補身催乳外，還有祛風補血、舒筋活絡的功效。以前更講究的客家娘酒，會在釀酒的最後階段，當酒與酒糟分離之後，往酒中加入炒香的黑豆、紅棗、黨參等補身食材，密封在酒罈中，再用稻草、穀殼等物料，慢火長時間耐心煨燒，這樣做出來的名為「火炙娘酒」，是更高級的補身娘酒。香港的客家火炙娘酒，已在四十年代失傳。

客家鹹湯丸

古人認為，冬至是陰陽二氣的自然轉化，是上天賜予的福祉，一家團聚吃餛飩，是中原乃至北方人冬至的食俗，而客家人冬至團聚則會吃鹹湯丸。

記得十多年前到吉隆坡旅遊兼探朋友，適逢冬至日，朋友邀我們到家中作客。朋友是幾代的客家華僑，客家人注重傳統，逢年過節都必做足禮節，先敬祖先，然後全家一起吃飯。

我們該次作客，吃了一頓很特別的午餐，至今難忘。朋友告訴我冬至的午餐不是宴客菜，而是他母親做的客家鹹湯丸。

為了拜祭祖先，用糯米搓的湯丸要做成紅色和白色兩種，紅色的是用紅菜頭汁來搓。伯母說，講究的客家人會做五種顏色的湯丸，現在一般都簡化了。排骨湯煮好後，把醃好的雞件連汁下鍋，煮十五分鐘，再放入煮熟的兩色湯丸煮一會，客家鹹湯丸就做好了。

伯母先盛起兩碗敬拜祖先，然後大家圍坐，享受這一大鍋客家鹹湯丸。喝湯吃雞加上湯丸，鮮嫩的雞肉帶黃酒味，很是美味。沉澱千年的客家人智慧，呈現在冬至日的家庭美食中。

客家算盤子

「山悠悠，水悠悠，悠悠長風載歸舟。」廣東省梅州市的大埔，是一個風景極優美的山區古鎮，憨厚淳樸，至今還保存著幾百年前的原生態，青山綠水，千畝梯田，令人沉醉在天然的畫卷中。

大埔是客家人的小吃之鄉，有數不盡的品種，其中一種傳統的客家食物，是一個個圓圓扁扁的小粉糰，叫做算盤子，亦稱為金錢粄，用芋頭和木薯粉製成，可以煎炒也可以煮湯，既是菜式也是小吃。算盤子的深層意思是一種家訓，提醒客家婦女要精打細算，勤儉持家。

昔日客家人為了找生活，幾百年來不少人移居到世界各地，在當地扎根繁衍，據統計，到今天海外的客家人已達到數千萬人。東南亞的馬來西亞、新加坡、菲律賓、印尼、泰國、越南等國家，都有僑居多代的客家人，他們來自福建省和廣東省，直到今天，這些客家華僑的家庭仍會講客家話，愛吃客家菜，保留著客家人刻苦耐勞和家族團結的美德。部份傳統的客家文化或者生活習慣，在香港已幾近被遺忘，唯獨在一些海外華僑的生活中，至今仍被保留下來。

香港有很多客家人，也有不少客家菜館，但算盤子這道菜已經絕跡。在東南亞特別是馬來西亞和新加坡的客家人，他們愛吃算盤子的程度，就好像香港人愛吃炒牛河，或北方人愛吃餃子一樣。當地傳統的客家家庭和飯館都會做算盤子，華人學校和客家團契更推廣算盤子的做法，藉此教育下一代飲水思源。

1.4 潮汕

潮州菜三寶：菜脯

潮州菜有三寶：菜脯、鹹菜、魚露。菜脯即蘿蔔乾，潮州人的菜脯，是日常配白粥吃的雜鹹醃菜，也是炒菜常用的配料。白蘿蔔連皮洗淨，用鹽醃了，放在竹籮中用重物壓出水，白天拿到太陽底下曬，晚上再用鹽醃和重壓，這樣重複幾天，水份都被壓出，蘿蔔也壓扁成菜脯，曬乾便可以入罋密封收藏。我認為入罋起碼十五年以上的，才可算是老菜脯，色澤變黑，還有柔軟如溏心鮑魚的溏心。

潮州菜脯以饒平高堂鎮出產的最為著名，幾百年來享譽大江南北，尤其在江浙地區，更是無人不識，只要說起潮州土特產，就是高堂菜脯。高堂鎮位處平原，氣候溫和，日曬充足，那裏種植的白蘿蔔個子大，味道甜美，最適合做潮州菜脯。高堂鎮的人幾乎家家戶戶都有祖

傳秘方，做出來的菜脯色香味俱全。高堂菜脯色如琥珀，味道偏甜，我們家叫它做甜菜脯，喜歡用它來煎菜脯蛋和炒椒醬肉。

台灣的苗栗是客家地區，也有醃老菜脯的傳統。跟潮州菜脯的做法不同，台灣的客家老菜脯是去皮的。台灣有店舖出售號稱醃了六十年的老菜脯，叫做「黑金」，價錢不菲，朋友曾送來一試，唯才疏學淺，難以評論。

記得小時候，外婆收藏了一罎陳年老菜脯，顏色深黑油亮，夏天切碎用來煮肉碎粥，最後還會加上切碎的芹菜莖，味道很特別。外婆老說這老菜脯粥很有益，但小孩子未必欣賞，更不明白什麼是消暑消滯。到年紀大了，才懂得這罎老菜脯的珍貴和外婆的心意。

潮州菜三寶：魚露

潮州在宋朝已經是中國著名的食鹽產地，煮海水為鹽，大海對於潮州人的生活至為重要。魚露據說是汕頭澄海人發明的，稱為初湯，始於明清時期，已有好幾百年歷史。據說澄海附近的海域出產一種小魚，每年產量都很豐富，澄海人會把魚仔用鹽醃製一年左右，再經過浸漬、濾渣、消毒、蒸煮、包裝，就成了顏色赭紅、香濃鮮美的魚露，是潮州菜最重要的調味品之一，近年更像酒類一樣講究生產年份。

魚露是南方獨有的產品，是潮州菜的御用調味料，也是潮州鹵水獨特的調味品，一般會用作蘸料，有濃重的潮汕地方色彩，地位相等於粵菜中的生抽和蠔油，不少傳統潮菜甚至不放鹽來調味，只用魚露。

魚露的製法由潮汕飄洋過海，傳到泰國和越南，是泰國菜和越南菜最常用的調味料，例如泰式鳳爪中的魚露，和越南菜常見的酸甜汁「碌冧」（Nước chấm）。魚露的製法也傳到日本，稱為鹽汁或鹽魚汁；還有鰹魚露，是涼拌豆腐和麵條常用的調味料。

潮州菜三寶：鹹菜

潮州鹹菜，又叫做鹹酸菜，與客家鹹菜用的芥菜品種不同，潮州鹹菜是用包心的球狀大芥菜醃漬而成。鹹菜的梗加南薑蓉是最常見的佐粥雜鹹，歷久不衰；鹹菜葉是多款傳統潮州菜的配料，例如鹹菜豬肚湯、鹹菜煮門鱔、鹹菜清燉白鱔等；潮州鹹菜的醃汁也能用來烹調美食，蒸魚或煮魚時加鹹菜汁可辟腥味，鹹味適中又能帶出魚的鮮味，潮州人認為有了鹹菜汁，蒸魚時連薑蔥都不用放。

潮州的雜鹹，泛指品種繁多的佐粥小菜，主要為各種果實、野菜、蔬菜、小蝦、小蟹及貝殼類的醃漬物，加上煎製的小魚乾，做成好幾十款不同味道的小菜，味道以鹹鮮為主，是潮汕地區家家戶戶常備的食物，吃粥吃飯都離不開它。最具代表性的雜鹹，就是加了南薑蓉來醃製的潮州鹹菜粒，是所有潮州菜館都必備的上桌小吃。

潮州鹹菜，是潮汕菜餚和小吃不可或缺的一種食材，傳統的潮汕人家中往往都會自製一大瓶鹹菜，存放幾年也不會變質，更是贈送海外親友最受歡迎的手信。近年更流行醃出新花樣，加入辣椒一起用鹽泡，既得鹹菜也有了泡椒，古樹發奇花，味道更有層次。

潮州魚飯

從前潮汕漁民開舊式木船出海捕魚，船上沒有任何保鮮設備，對漁獲的保存方法不外乎「一鮮二熟三曬四鹹」，其中放在鹽水煮熟的漁獲叫做「魚飯」，除了魚之外，蝦蟹魷魚也可以如法炮製。

明明是魚蝦蟹海產，為什麼叫做「飯」？這是因為漁民生活很貧困，買米要花錢，於是就把一些不太值錢的雜漁獲炊熟，當成飯吃，魚飯之名由此而來。吃魚飯的潮州話發音「拍Ne」即「打冷」二字，有潮菜老廚師告訴我，這是潮州打冷的來源，不是打人的意思。

在潮汕地區的菜市場，賣魚的區域會夾雜一些賣魚飯的檔攤，生的熟的檔口並排一起，我們外人看來感覺不太衛生。但其實這些魚飯檔賣的熟魚，除了白飯魚外，全部還要撕去魚皮才吃的，潮州人覺得這是天然的包裝紙，所以非常乾淨。在潮汕的潮菜館，都設有魚飯專用的保鮮櫃，陳列了各種魚的魚飯，由客人自己挑選，以重量計價。熟的魚蝦蟹放涼之後，肉質會更結實，味道更鮮美。潮州人多用平價雜魚做魚飯，可以用任何海魚，例如大眼雞、石馬頭、竹簽魚、狗棍魚，烏頭魚也可以，但現在這些海魚做的魚飯都以両計價，再沒有所謂平價雜魚了。

普寧豆腐

有一種潮州小食，用料和烹調都簡單無比，卻是潮汕人的至愛，那就是普寧炸豆腐。小時候，外婆總是在睡午覺後起床才做普寧炸豆腐，即炸即吃，外脆內軟，味道鹹香，是外婆私密的下午茶，用來配她那四両雙蒸米酒。她會用手拿著炸豆腐，細細咀嚼，彷彿在優閒地回味那逝去的時光，特別是那府城邊上的景象，熱鬧的墟集人頭湧湧，挑擔小販的大油鑊裏，翻滾著皮黃肉白的普寧炸豆腐，周邊圍著垂涎的人群。

外婆對炸豆腐的材料要求很高，指定要買普寧豆腐，說它嫩滑而結實，是點滷製作的，不像一般的石膏豆腐水份多又沒有豆味。我母親很孝順，總是專門跑到九龍城的潮發雜貨店，去買這種外皮黃色的普寧豆腐，當然也會順便買些佐粥的鹹雜小菜，讓外婆高興很多天。

普寧市位於廣東省東南，潮汕平原的西部，是中國著名僑鄉之一。普寧不是大城市，但當地生產的豆腐製品卻遠近馳名。在潮汕的菜市場，普寧豆腐店是專賣檔口，大大的「普寧」兩個字就是招牌，售賣普寧生產的豆腐、豆腐乾、豆卜、枝竹、腐皮等，品種繁多，當然也有潮汕人最愛的普寧豆醬。

普寧豆腐黃皮白心，是因為表面以黃梔水浸過染色，另外製豆腐時加了薯粉，裏面的白肉軟滑細嫩。炸豆腐是普寧豆腐最簡單的吃法，要即炸即吃，才會外脆內軟。炸時要開大火燒滾油，放下豆腐後改小火，炸至金黃取出，大火再回鑊炸脆，吃時蘸韮菜碎拌的淡鹽水。

春菜腩肉煲

春菜是一種潮州地區的獨有產物，外形似芥菜，但其實是萵苣的一種，是生菜和油麥菜的遠房親戚。春菜在每年三、四月上市，很多香港人都不認識它的樣子，誤以為那是水東芥菜。

春菜莖小葉長，含豐富纖維，味道帶點甘苦，菜味香濃。食療方面，春菜有清熱毒的功效，適合調理口乾舌燥、小便不暢等症狀。

潮州人愛吃春菜，除了季節養生的觀念之外，還帶著家鄉情懷，因為這種蔬菜只有潮州菜才會用上。春菜是寡物，最好用豬油來煮，或者配上帶肥的豬腩肉，就算是清炒春菜，或者乾脆用豬油來炒，味道更香。潮州人炆春菜，一般不會即炆即吃，最好是煮好後隔餐或隔夜才吃，等春菜盡情吸收肉味。很多潮州菜館也會預早炆好大鍋春菜，隨叫隨上。

潮州菜中的春菜腩肉煲，春菜甘中帶苦，再加入一些鹹香的大頭菜，作用是「吊味」，有時還會加入一些白蘿蔔來壯大聲勢，煮一大鍋可吃兩天。注意，春菜煮熟後會頗為「縮水」，因此要多買一些；炆春菜時不能加蓋，否則春菜顏色會變黃。

厚膀蠔烙

蠔烙是潮汕著名小食，歷史十分悠久，早在清代末年，潮汕地區街頭賣蠔烙的小食攤檔已經十分普遍。傳統的蠔烙是採用汕頭港、達濠、珠浦等地所產的珠蠔。質量好的珠蠔，蠔肚膏質飽滿，蠔身雪白而裙邊烏黑，以秋冬季節出產的最為肥美，夏天的顏色稍帶灰綠，那就是瘦蠔了。

正宗潮州菜的基礎就是厚膀（豬油）、猛火、魚露，而蠔烙的要訣亦在於這三招。火候要夠猛，豬油分兩次落鑊，第一次的作用是起鑊，第二次則是加滑加香，為之厚膀。傳統的厚膀蠔烙是煎成一堆的滑烙，外層蛋漿酥脆金黃，中間的珠蠔和著半凝固的番薯粉，軟滑鮮嫩，誘人香味撲鼻而來，再蘸上魚露，配上芫荽，香味和口感配合得天衣無縫，人間美食也。

家翁特級校對所著的《食經》中，有一篇寫福建人的「蠔煎」，非常近似於潮汕的蠔烙，但加入了青蒜臘腸和豉油，而相同之處就是用豬油。「厚膀」者，豬油也。說起豬油，不少人或許有點害怕，但有些中國傳統食品如果沒有豬油，就真的不能達到美味的要求。「膀」對潮汕人非常重要，無論炒菜、炒麵、做甜食都喜歡用上豬油，以增加香味。

近二十多年，香港多數食肆做的蠔烙，都是半煎炸的乾身蛋煎蠔餅，甚至是加入炸粉的炸蠔餅，正宗的潮州厚膀蠔烙，基本上幾近絕跡了。

潮州海鱟

九龍城要重建變天了，大半個世紀以來，那裏的潮州風味，陪伴了無數香港人成長，衙前塱道的潮州雜貨店、滷鵝店、鹹雜小食店，最令人難以忘懷。

九龍城賣的潮州小吃，粿的品種不算很多，最具代表性的是鼠曲粿，另一種是紅桃粿。鼠曲粿又叫做鼠曲龜，外表黑綠色，有豆沙餡、芋泥餡和蓮蓉餡，做法是用鼠曲草的汁，加入糯米粉和薯粉做成粿皮，吃時有一種清草香味，而且鼠曲草還有清熱解毒的功效。紅桃粿就是桃形的祭祀用粿，用粳米磨粉做的皮，加入玫瑰紅的食用色素，餡料有鹹味的糯米蝦米花生粒，和甜味的綠豆蓉。其實還有第三種就是鱟粿，但近十多年已很少見到。

海鱟（音後），又叫做東方鱟，是一種甲殼類水產，生長在太平洋水域。其頭胸有半月形的硬殼，腹甲為六角形，加上一條劍狀的尾巴，形貌怪異，像電影中的外星怪物，在香港水域也能見到。

潮州小吃中的鱟粿，始自潮汕著名的漁港潮陽，當地盛產海鱟。海鱟沒有多少肉吃，但有很多卵，可以用來加工成鱟醬。鱟粿的做法就是把薯粉加入鱟醬中攪勻，放入粿模，再放上一隻海蝦蒸熟而成，吃時淋上稀釋了的沙茶醬，無論造型、吃法和味道都非常特別，在各省小吃中少見。

韋基舜先生所著《食得是福》中，記載早年在灣仔駱克道，有一家新光潮州酒家，營業時間由下午四時至凌晨四時，據說新光有一道非常獨特的海鱟湯，常飲用可增強抵抗力。

椒鹽狗肚魚

小時候住的老房子經常有老鼠出沒，母親不知從哪裏弄來一隻花貓，長相一點也不可愛，卻是家中老鼠的剋星，晚上關燈後，只聽得花貓奔跑追逐之聲不絕，沒多久家中的老鼠就絕了跡。每天晚飯之後，傭人就會煎貓魚，用一些最平價幾毛錢有交易的魚，用白鑊焙得焦香，混些米飯給貓吃。貓魚經常用一種軟巴巴的魚，老是張開長著鋒利牙齒的大口，令人生畏。我長大後才知道它叫做狗肚魚。

狗肚魚肉細嫩易碎，魚骨細軟，也叫做豆腐魚或孱魚。潮汕人叫狗肚魚做佃魚或龍頭魚，潮州菜中的椒鹽狗肚魚、狗肚魚烙、狗肚魚菜脯粥、鹹菜煮狗肚魚，都是著名的菜式。狗肚魚本來是海魚中之最下品，後來才飛上枝頭變鳳凰，還要多謝潮州菜把它發揚光大。香港的餐館覺得狗字不雅，就改成了九肚魚，之後各地都稱為九肚魚了。

九肚魚是街市常見的魚類，屬於「見光死」的魚，離水上網就活不了，所以只在冰鮮枱出售。近日街市的魚類越來越貴，但九肚魚依然價格便宜。香港食肆的九肚魚菜式，大多數是做椒鹽九肚魚。九肚魚全身只有一條脊骨，肉質嫩滑柔軟。九肚魚的頭無肉可吃，口大而牙齒鋒利，宰治時先要把頭切去不要，把內臟連頭一起拉出，最好不損魚肚，煮熟時魚肉容易甩開，不夠美觀。

焫醃魚

焫，廣東話唸「暴」，普通話和潮州話都唸「pu」，是唐代中原古字，即炸的意思。因此，焫醃魚就是炸醃魚，是我家常吃的潮州菜式，也是我的至愛之一，但幾十年來，我們從來不曾在食肆中見過或吃過這道菜，甚至沒有遇到認識這個「焫」字的人。我問過潮州當地四十歲上下的朋友，他們只知道「pu」是潮州話炸的意思，不知道寫作「㷛」，更未吃過㷛醃魚。

外婆家當年是潮州府城的大戶，母親告訴我，一些比較講究的菜式，一般只上富貴人家的飯桌。有㷛醃大黃花吃，誰會吃雜魚魚飯？

㷛醃魚失傳的原因，主要是這道菜傳統用的是大黃花魚。大黃花魚的肉纖維細，肉質嫩滑，味道容易滲透到魚肉中，壓成一縷縷的嫩魚肉更是鮮美甘腴，無論熱吃冷吃，味道都佳，但後來大黃花魚逐漸消失，府城的古老菜式㷛醃魚也就逐漸被遺忘了。現在我國在東海建立大型漁業牧場，大黃花魚又可以買到了，就算買不到也可以用大白花魚、馬頭魚代替，味道也很好。

做㷛醃魚要經過三个程序，一是醃製，二是重壓，三是煎炸。將魚洗淨後瀝乾水份，在魚身兩面偏鋒斜切幾刀，在每道切口中放一塊薑片。把老抽、酒、薑汁、糖和鹽混合，塗遍魚身內外，連汁用袋封好，上面用重物壓住，放在雪櫃一天，中途把魚身反轉一次再壓。煎炸前把魚抹乾，慢火多油半煎炸至熟透即可。

老香橼炆排骨

潮州有一種特色食品叫老香橼，或稱老香黃。香橼即佛手果，是以鹽、糖、甘草等材料進行多次醃製、炊熟、曬乾而成，陳封在瓦甕中，保存五年甚至二三十年使之陳化，年份越久，價值越高。

烏黑油亮的老香橼味道芳香，鹹中帶甘，是潮州人家家戶戶必備，可用來做菜，也可以直接泡熱水喝，就像廣東人的老陳皮。潮州人認為體質寒濕的人最適合吃老香橼，能疏肝理氣、化痰醒胃，對消化不良和咳嗽咽喉痛有一定調理作用。

我小時候與外婆同住，由潮州來香港探望外婆的鄉親，每次帶來的潮州手信都包括老香橼。外婆平日喜歡喝點小酒，把老香橼切粒吃或沖水飲，就是外婆的解燥熱方法。有時家中老香橼多了，會做一味老香橼炆排骨，鹹酸醒胃，排骨鬆化，適合老少全家。

我認為這道菜的味道比咕嚕肉、醋香骨甚至松子魚的酸甜味都更好吃，因為老香橼的自然果酸，比醋的酸味多一分醇厚，吃完口腔中會留住一抹芳香清涼。九龍城的潮州雜貨店有售老香櫞，可惜遷拆在即，下次去潮州旅行，切勿錯過買一瓶老香櫞回來。

梅膏骨

中國人喜歡吃零食，蜜餞涼果的品種繁多，口味基本上分為京式、蘇式、閩式和廣式，而廣式涼果則以潮州出產的為代表。潮汕地區是我國主要的蜜餞涼果製造業中心之一，生產有柑餅、話梅、嘉應子、鹹薑、鹹欖、黃蜜梅、青梅、鹹柑桔等，供出口及內銷，馳名中外。我們港澳地區以至廣東省買到的涼果零食，大部份都是由潮汕地區生產供應的。

中國人很愛吃甜酸味，生炒排骨、咕嚕肉、糖醋魚等菜式更名聞中外。潮州人比中國其他地方更喜愛甜酸味，在潮式醬料中就有梅膏醬、金桔油、三滲醬，以及由泰國潮州華僑始創的泰國雞醬。

潮汕地區盛產青梅子，以普寧一帶出產最多，以此製成的梅膏醬是潮州菜常用的醬料。潮汕地區的青梅品種是桃梅，特點是肉厚核小，用水把桃梅煮熟，加鹽醃製，去核後加糖搗爛，再加薑和蔗糖就製成梅膏醬。梅膏醬的味道近似濃味的酸梅醬，但有薑的香味，味道酸甜適中。梅膏醬可以用來烹調，最適合蒸魚和燜海參；也可以作為蘸料醬，例如配堂灼螺片、椒鹽白飯魚、乾炸果肉、蟹棗和蝦棗等。

梅膏骨是傳統的潮州菜之一，是很有特色的潮式甜酸排骨，主材料用的是一字排，即豬肋骨中央部份的排骨，肉多骨少，容易煮脸入味。梅糕骨可作為前菜暖吃，也可以作為醬汁濃稠的熱葷，甜甜酸酸，是很好的下酒菜。潮州還有一種醬料叫做橙膏醬，橙味香濃，與梅膏醬異曲同工，不妨用同一方法做一道橙膏骨。

沙茶牛河

潮州菜中的沙茶醬，也叫做汕頭沙茶醬，因為最早是在十九世紀末的汕頭出現的。相傳它源於印尼的沙嗲（Sate），沙嗲在印尼語的意思是串燒，蘸串燒的醬料就是沙嗲醬，而潮州話中的「茶」字音與「嗲」諧音，所以有沙茶醬源出自沙嗲醬一說。不過，沙嗲醬由南洋再傳到潮州之後，潮州人把配方經過多年改良，減低了甜味，加入了一些配料，使更能配合中國人的口味，才成為沙茶醬。沙茶醬在潮菜中會用於炒薄殼、燜海參、炒牛肉、牛肉火鍋的蘸料，火鍋湯料等。

正宗的汕頭沙茶醬配方很講究，也很複雜，主要材料是花生、鰈魚乾（大地魚）、蝦米、蝦醬、芝麻、椰肉、南薑、花椒、辣椒、薑、桂皮、胡椒、大茴、小茴、香草、丁香、乾蔥頭、蒜頭等，加上糖鹽和油熬煮而成，沙茶醬帶甜味，香味誘人。

用沙茶醬炒牛肉河很受歡迎，但一般香港快餐店卻稱它為沙嗲牛河而不是沙茶牛河，因為用的是味道較甜的沙嗲醬，容易討好年輕人的口味。但傳統潮菜館仍沿用潮州沙茶醬，叫做沙茶牛河。

鹹檸檬燉鴨湯

小時候，外婆與我們在香港同住，與潮州老家的鄉里親戚經常往來，他們每次都會為外婆捎來一些潮汕土產。當時交通很不方便，路途遙遠，他們帶來的都是些醃漬的食物，其中有老鄉們自製的南薑末橄欖散（南薑鹹欖）、潮州菜脯、老香橼和鹹檸檬。這些手信都不是值錢的東西，但在物資困乏的艱苦歲月裏，帶來的是一份濃濃的鄉情。

鄉親們圍坐外婆身邊，全程家鄉話對白，匯報潮州老宅和親戚的事。外婆會在家招待他們吃一頓好菜飽飯，每人給一封利是（紅包），還有些萬金油、跌打藥酒、餅乾、椰子糖，和一罐馬口鐵罐裝的花生油，作為回禮手信，讓老鄉們高高興興地離開。

鄉里們帶來的鹹檸檬是否十年以上的陳年貨色，外婆看一眼、嗅一下就能分辨出，誰也騙不了老佛爺，但她不會當著老鄉們的面前品評，反正我家的潮州鹹檸檬從來不缺。

有一道鹹檸檬蒸烏頭是我們家中幾十年來的至愛，另一道就是鹹檸檬燉鴨湯，湯水清甜而不膩，酸中帶甘香，據說還能降火去脂，是一道美味滋潤的燉湯。我家做這個湯另有秘技，就是燉完鴨湯之後加少許鮮檸檬汁，香味立刻再提升了。

糯米卷煎

潮州小吃的地位，重要性與潮州菜相同，自古至今，潮菜筵席間，一定會上一些傳統的鹹甜小吃，否則算不上正宗。清朝時期，汕頭開埠通商，商賈雲集，經濟繁榮，百姓在吃得飽之餘，還要吃得巧。他們把很多日常吃的雜糧互相配搭，再經過長時間的改良和發展，形成了各式各樣的民間小吃。另一個重要原因，就是潮州人非常重視年節和祭祀，傳統節日和習俗特別多，各種形式都與吃有關，也就更促進了潮州小吃的普及和發展。

九龍城街市及旁邊的衙前塱道，有很多食物店和鹵鵝店，你會見到一盤盤潮州小吃，其中一定會有兩三種不同餡料的卷煎，我喜歡買卷煎回家再煎香來吃，很有風味。

傳統的潮州卷煎，是用腐皮包住各式各樣的餡料，捲成條狀而成，它可以是潮菜筵席間的一道菜式，也可以是小販叫賣的街頭小食。卷煎的材料一定有糯米，然後就按各人的口味，隨意包入芋頭、豬肉、蝦米、冬菇、蓮子、栗子、花生等等，蒸熟之後自然放涼，方便保存，到吃時再用油煎熱。

潮汕甜點

潮汕人愛吃甜食，是國人之最，這與潮汕地區盛產蔗糖不無關係。我國早自先秦時期已開始種甘蔗，南北朝時已懂得用甘蔗汁做糖漿，據說唐朝時期從印度引入熬糖法。到明朝時，福建有一位製糖師發明了用「黃泥水淋脫色法」製作白糖，從此閩南和鄰近的潮汕地區，便成了我國種植蔗糖和生產白糖的中心。清代雍正之後，潮汕商貿發達，當地蔗糖業在我國開展了長達兩百多年的領導地位，也是因為盛產糖，潮汕地區的甜食品種之多，可能是全國之冠。

潮汕人喜歡飲工夫茶，不可一日無茶，潮汕的茶食稱為茶配是喝工夫茶時吃的小甜點。潮式餅食遍佈潮汕各地，更流傳到港澳及東南亞地區，大概可分為糖餅、糖和蜜餞三大類，都是離不開糖的甜食。糖餅類有老婆餅、腐乳餅、糖蔥薄餅、雲片糕、綠豆沙餅、紅豆沙餅等；糖類有仙城束沙、龍湖酥糖、花生酥糖、芝麻條、松仁酥糖、豆仁方等；蜜餞類則有桔餅、佛手香黃、冬瓜冊、庵埠五味薑、棉湖瓜丁和嘉應子等。

在潮菜宴席中，開頭和結尾都會上甜食，稱為「頭尾甜」，寓意開心又吉利，著名的甜菜有芋泥、返沙芋頭／番薯，和不同材料的糕燒。香港有些食肆會把糕燒寫作「膏燒」甚至「高燒」，我曾為此問幾位潮州的當地人，答案是「糕燒」，意思是把材料用糖煮到像蒸糕那樣，軟潤酥鬆。

1.5 香港

煲仔菜與煲仔飯

香港人說的「砂煲罌罉」，意思並非單指砂煲、罌和罉。例如要搬家了，就會說「執晒啲砂煲罌罉」，意思是指廚房裏所有煮食家當。以前的香港人叫陶器做「缸瓦」，用砂子和陶土混合水塑形，入窰燒成。砂煲、罌、罉都是陶器，成本低廉，製作的技術要求也不高，售價便宜，人人都用得起。

上世紀四、五十年代，香港大部份家庭的廚房，還是燒柴或燒炭爐的，用的炒鑊是生鐵鑊，鍋是陶器，即砂煲和瓦湯罉；煮飯也是用砂煲，鋁鍋和電飯煲的出現要等到五十年代末。富人家用砂煲，打爛了就丟掉；窮人打爛了砂煲，還會拿到街上修補砂煲的檔口，黏上後用鐵線捆住，回家又可以用上一段日子。

以前新界和離島尚有一些小型陶瓷器作坊，每個區的街市附近，都有缸瓦舖售賣砂煲罌罉。隨著香港經濟起飛，人們生活改善，廚房用具日新月異，美觀耐用的不鏽鋼用具代替了缸瓦的砂煲罌罉，香港的缸瓦行業也走到了盡頭，唯有砂煲，因為還會用來做煲仔飯和煲仔菜，才得以保留。

煲仔菜，就是用砂鍋煮出來的菜式，吃時原煲上桌，以達到保持滚熱的目的。煲仔菜始創自上世紀四、五十年代的街頭大牌檔，來光顧的都是小市民和打工仔，天氣寒冷時大家圍爐而食。最早時的材料只是魚肉蔬菜、豆腐粉絲，桌上不配備爐具，說不上是吃火鍋，店家只是把材料一股腦兒在湯中灼熟，用砂鍋燒得滾熱，連湯端上，配上米飯，客人吃得開心和暖，店家也樂得快速省事，這就是香港煲仔菜的雛型。後來這漸漸形成了一種特色菜，走進酒家，成為粵菜的一員，菜式就更加百花齊放了。

煲仔飯則是煲仔菜的延伸，在香港已流行了大半個世紀。傳統煮煲仔飯用瓦煲，沒有的話也可以用很多家庭都有的彩色鐵煲，原煲上桌，絕對立刻成為主角。如果用電飯煲，可照正常的方法煮飯，那叫做有味飯，但記得要在水乾前放進雞肉等配料，所以不能用中途無法打開的電飯煲來煮。

港版揚州炒飯

香港的大小粵菜館和茶餐廳，餐牌上大多數都有揚州炒飯，當然，也有不少竟是寫錯字變成「楊州」炒飯。揚州炒飯在香港流行超過半個世紀，據說這是上世紀三、四十年代，江蘇浙江一帶的商家老闆大舉南下，他們帶來了大批揚州廚師，也把江浙的菜式，包括揚州炒飯，帶到了南粵地區和香港。

有些廣州人說揚州炒飯是廣州人發明的，此事難以求證，把揚州炒飯中的金華火腿改為廣東叉燒，可能正是廣州人的傑作。我們沒有資格也不會介入這個「正名」之爭，但是我覺得揚州炒飯之所以出名，不可能只是因為在蛋炒飯中加入了其他材料，因為自古已經有蛋炒飯，也不是揚州獨有的，能夠冠以「揚州炒飯」的大名，總應該和揚州的歷史有一點關係。

清代乾隆年間，紀曉嵐負責編輯的《四庫全書》收錄了元末明初陶宗儀編一百二十卷的《說郛》。《說郛》第六十一卷是宋朝陶谷的《清異錄》，在第六十三頁記載著「謝諷食經中略抄五十三種」，其中就有「越國公碎金飯」。謝諷是隋煬帝的尚食直長，專門管隋煬帝的飲食，越國公便是當時權傾天下的楊素。記載中並沒有說明碎金飯是什麼飯，當然也沒有做法，但是從字面上解釋，可能是一種蛋炒飯。能夠冠以「越國公」之名的菜式，肯定不是一般的蛋炒飯。顧名思義，碎金飯的飯粒應該粒粒像黃金，所以無論在材料、處理方法上都會有很嚴格的要求。能夠被隋煬帝的飲食主管列在《食經》上，說明是皇帝喜愛的食物，揚州是隋煬帝晚年實際上的東都（從前叫江都），是他享樂的地方，碎金飯如果做得不好，有部份飯粒沒有沾上雞蛋，御廚很可能會被殺頭。

如果揚州炒飯是以碎金飯為基礎，發展成大眾化的菜式，這是完全可能和可信的，因為揚州具備了其他地方的蛋炒飯沒有的歷史優勢。據說早在清嘉慶年間，揚州知府伊秉綬在他的《留春草堂集》已經記載了揚州炒飯的做法，可惜這本書不容易找到，而他的《留春草堂詩鈔》中也沒有任何關於這炒飯的記載。後來伊秉綬喪父丁憂，回到汀州居住。汀州就是閩西和粵北一帶的地方，揚州炒飯也可能從這裏輾轉傳到南方，繼而傳到廣州。其實，揚州炒飯是哪一個地方發明的菜並不重要，最重要的是炒得好吃，這是亙古不變的硬道理。

今天內地的揚州炒飯大概有兩種做法，一種是蛋炒飯放底，雜料打濕芡在面，有點像福建炒飯；另一種是比較流行的乾炒法，即香港流行的港版揚州炒飯。揚州炒飯的好處是有炒雞蛋的「香」，如果放入太多材料，會奪去香味，再打芡在飯上面，反而有點畫蛇添足，也把揚州炒飯的香味抹殺了。反觀在香港和廣州流行的版本，配料用帶甜味的叉燒和鮮味的蝦仁，會為香噴噴的揚州炒飯帶來鮮美的味道和精彩的賣相。

星洲炒米

揚州有揚州炒飯，起源於一千多年前的隋朝，據說揚州還把它申請註冊了非物質文化遺產。那麼，新加坡有沒有星洲炒米呢？

新加坡雖然是多民族國家，但大部份都是華人，當然有吃炒粉炒麵的習慣。居住在新加坡以至印尼的華人，以祖籍福建的最多，飲食習慣也多受福建菜的口味影響。福建人的炒粉麵、炒飯甚至炒菜，都是汁/芡水很重的濕炒，最流行的是福建炒麵，幾乎每一處平民美食坊（Food-court）都有這種食物，但卻不見有星洲炒米，即使有，那也是在港式茶餐廳。

星洲炒米在香港流行了幾十年，其實本身是乾炒米粉，上世紀六、七十年代流行於港式南洋餐廳，在雜錦乾炒米粉的基礎上，加入濕咖喱醬象徵南洋風味，從此香港就有了星洲炒米，還流行至今與乾炒牛河齊名。但星洲炒米也有其規矩，就是一定是乾炒，不能埋芡，而且配料一定有叉燒和蝦仁，不會有內臟，否則就又成了雜錦炒米粉了。

栗子燜雞

每年深秋，正是栗子上市的時節。栗子樹是多年生的大樹，每年秋天結果，香港街上的炒栗子，會比杭州等地出現得遲些，大概會在寒露之後，而且總會寫著是天津良鄉栗。但其實良鄉並不在天津，而是在河北省，所謂良鄉栗子也不一定是從良鄉來，北京懷柔的栗子也很著名，個子大大的，口感很是粉糯。中國的栗子樹品種很多，例如廣西出產的栗子個子比較小，叫做「桂林錐」。

栗子樹上結的果實帶有毛刺外殼，剝開外殼，裏面是栗子，再剝開栗子殼，去掉栗子衣，才是可以吃的栗子肉。栗子肉粉糯甜美，而且營養成份很高，含不飽和脂肪酸，有豐富的維生素和胡蘿蔔素，可助提高人體免疫能力，防止皮膚粗糙乾燥，及改善視力等功效。

栗子燜雞是一道美味有益的家庭菜，也是不少香港人小時候的回憶。我小時候進廚房，往往就是被分派了剝栗子衣的艱苦工作，現在市場上有去了衣的栗子肉出售，做菜就方便得多了。

叉燒炒銀針粉

陪伴我們每個人一起長大的，除了家裏溫馨的三餸一湯，還有把我們餵得飽飽的粥粉麵飯。由早餐開始到午餐、晚飯，有時還有宵夜，每一天我們都離不開粥粉麵飯，它令我們飲食均衡，心情愉快。

香港人愛吃，把粥粉麵飯演繹得出神入化，花樣百出，絕大部份的款式都經得起時間的考驗，流行程度歷久不衰，百吃不厭，那熟悉的味道不用去回憶，每天就在你我身邊。

很多人都不知道，銀針粉本來是客家粉麵，起源於梅州一帶，傳統是用粘米粉和澄麵做成，頭尾尖、中間圓的粉條，顏色雪白，所以叫做銀針粉。銀針粉在廣東的粉麵類中不算出眾，但銀針粉比較耐火，不像炒沙河粉那麼易斷。用銀針粉做湯粉口感軟糯，缺點是不似米粉那樣容易吸收湯味，不過近年後來居上的米線也不易吸味，但加了酸辣濃湯便賣到火紅。

叉燒炒銀針粉是不少人小時候的回憶，記得家中晚飯時如果有吃不完的叉燒，第二天午餐便會有叉燒炒銀針粉。叉燒炒銀針粉也是舊式茶樓的點心之一，叉燒份量不多，但加了蛋絲，用玻璃碗裝住再反扣在碟上，歲月流轉，現在已經甚少見到。

懷舊鷓鴣粥

鷓鴣粥是上世紀三十至五、六十年代，香港流行的家常粥品，據說出自澳門，也有說是出自廣州。小時候外婆與我們同住，有時外婆說胃口不佳，順德媽姐金姐便會煮鷓鴣粥給她吃，我得以在旁邊分一杯羹，那鮮甜的味道至今難忘。

鵪鶉和鷓鴣都是雉科鳥類，鵪鶉與鴿子差不多大，鷓鴣體型則似麻雀。中醫認為鵪鶉有化痰止咳的功效，通常會用來燉湯和煮鵪鶉粥。鵪鶉粥適合幼童、病者和有吞咽困難的老人代替米飯進食，營養有益而不燥，據說幼童吃鵪鶉粥還可以定驚。

鵪鶉粥其實是一種肉羹，真正的「冇米粥」。幾十年前街市賣的活鵪鶉很便宜，一隻鵪鶉能拆出來的肉不多，記得家中煮鵪鶉粥時，通常會買兩三隻，純用鵪鶉肉蓉做羹。七十年代之後，一般做法會把一半的肉蓉用雞肉代替。做法是先把鵪鶉煲了湯（餐館也會用隔了油的上湯），把熟鵪鶉肉拆出剁成肉蓉，再加蒸熟的雞白肉和參薯剁成蓉，再加蛋白去煮，調成羹狀即可。

鵪鶉粥有多種變化，常見的可用淮山取代參薯，功效相同，而燕窩鵪鶉粥則更加名貴。新鮮鵪鶉在一些街市的雞檔有售，賣冰鮮雞的店也有賣冰鮮鵪鶉。

潮州戲棚粥

記得小時候，外婆會帶我去看神功戲。當見到公園搭起竹戲棚、擺放了膠凳，就知道快有神功戲班來了，趕快回家向外婆匯報。有時看的是粵劇的神功戲，有時看的是潮劇神功戲，其實小孩子都看不懂，只是愛看老倌們穿著金銀七彩的戲服，覺很很熱鬧。還有更重要的是，大人們為了哄小孩子不亂跑，會不斷用各種零食收買。

盂蘭節的「盂蘭」，是梵文「救倒懸」的意思，即救渡亡魂倒懸之苦。自十九世紀末到上世紀四十年代，大量潮州人離開家鄉，來港從事體力勞動工作。五、六十年代有一些潮州同鄉會或商會組織，每逢陰曆七月的盂蘭節前後，都會在街頭或公園搭竹棚戲台演神功戲，做普渡功德，這種佔街是經過政府批准的。戲棚入口附近總會有很多熟食小販檔，出售食物給工作人員和觀眾，其中最有特色的是戲棚粥。

潮州戲棚粥是一種在香港誕生的食品，它是一種泡飯粥，粥底用豬骨煲成湯，加白飯煮成泡飯，再加入肉碎、珠蠔仔、大地魚、魷魚、冬菇、芹菜、菜脯等材料煮成。廣州也有戲棚粥，但那是在廣東白粥底上面鋪上燒鴨、生菜等幾種材料。

八十年代，在街頭搭戲棚的潮州神功戲逐漸減少，而且隨著香港各種各樣的小食湧現，販檔不再賣戲棚粥，只有少數潮州食店供應。九十年代，戲棚粥這個名詞逐漸消失，取而代之的是潮州食肆中的各式肉碎泡飯粥，例如方魚肉碎粥、老菜脯肉碎粥、蠔仔肉碎粥等等。

霉香鹹魚

自從港鐵港島線向西延伸，給港島西區居民的交通帶來方便，由西營盤站去海味街更是直接而快捷。我喜歡逛西環海味街，在選購海味乾貨之餘，沿街能感受一下傳統社區的文化，也是很大的樂趣，日漸式微的鹹魚欄更是我每次必去的店舖，買整條霉香馬友，回家切件後用油浸起，留來做餸。

我自小就知道有霉香鹹魚，中年之後，更愛上了霉香鹹魚蒸肉餅，但我不喜歡吃實肉鹹魚，特別是很多骨的曹白鹹魚。

說起霉香鹹魚，漁民朋友告訴我，以前他們出海一定會帶幾袋粗鹽。在還沒有冰倉的日子，一些漁獲例如馬友、黃花、白花等貴價魚，會趁新鮮時立即插在層層粗鹽中醃好，不割開魚肚，由魚鰓位置扣出內臟並放入鹽，這種密肚的插鹽鹹魚，是香港漁民的特色做法。

由於漁船空間寶貴，是不會用來曬鹹魚的，漁船靠岸後，這些鹽醃魚就交給漁民曬家在岸邊曬至乾身，部份留為自食，其餘交親友的街市檔口銷售，或由鹹魚欄收購。這些插鹽密肚鹹魚，由於未經日曬，在醃製過程中會因發酵產生一種霉香味，所以叫做霉香鹹魚，是漁民家庭的家常菜，也是香港的特產。高品質的插鹽鹹魚，必須用剛上網的鮮魚，立即以鹽醃製保存，如果先經冰凍再用鹽醃，肉質便會變得硬實。

上世紀八十年代後，由於本地漁民減少出海，西環海味市場的鹹魚逐漸由入口貨代替。創於一九五二年的大澳老店順利號，是本地生產密肚鹹魚的唯一店家。

錦鹵餛飩

香港很多人愛吃錦鹵餛飩，喜歡它香脆鬆化，味道甜酸。字典中「滷」字與「鹵」字意思相通，常見詞彙有「滷汁」、「滷水」。但還有另一種解釋，就是把幾種食材煮成帶芡的稠湯，淋在麵食上，這形式也叫做「鹵」或「滷」，例如天津人愛吃的「打鹵麵」。

回到錦鹵餛飩，這源自廣州的一道古老粵菜，名叫「錦繡良緣」，意頭好且色澤鮮艷，是廣東鄉間婚宴的傳統菜式。當時「錦繡良緣」上的錦鹵甜酸汁，材料稱得上是真正的「雜錦」，其中豬雜包括肝、腰、心、腸等是主角，還加入蝦肉、叉燒、魷魚甚至燒鴨等等，但不會加入菠蘿。精彩的雜錦鹵是這道菜的主角，炸餛飩只不過是載體配角。

錦鹵餛飩大約在上世紀四十年代由廣州傳到香港，一時成為流行菜式。當時有酒家玩趣味，還加入一隻煮熟的鴨蛋，切開放在甜酸汁上，以迎合帶小孩子來的顧客。自從香港茶樓點心師傅把它簡化成「冇料錦鹵」之後，錦鹵餛飩價錢便宜了，成為茶樓受歡迎的點心之一，現在大部份香港年輕人，都不知道錦鹵餛飩的甜酸汁本來是「有料的」。

甜酸味的芡汁由紅糖和大紅浙醋調成，是粵菜廚師的拿手好戲，例如生炒排骨。坊間有人用茄汁來煮甜酸芡汁，實在是胡亂之作，味道根本不一樣。不久前，見過有新派餐館的廚師在錦鹵餛飩中加入鵝肝粒及黑松露，價錢肯定是貴了不少，但味道是否會更超然就難說了。希望有朝一日，香港的粵菜餐館能重現「錦繡良緣」。

雞球大包

最近中午與閨蜜在陸羽茶室飲茶，我點了一個「滑雞球大包」，結果一個大包，要分四份才解決了。很久沒有吃雞球大包，談不上愛不愛吃，那是一份兒時的回憶。現時香港絕大部份的茶樓點心，已很少賣雞球大包，只能偶然在新界的鄉村茶居見到，來到陸羽，當然要順便懷舊一下。

雞球大包流行於上世紀六十年代，現在還談不上失傳，因為做大包的技術含量不高，以前都是徒弟仔的工作，只是在飲食潮流演變的過程中，難免會因應市場反應，漸漸減少在點心單上出現。真正消失了的茶樓點心，有豬油包、火雞蝦仁粉果、蝦皮玉掌、蘑菇雞餅、火鴨千絲卷、鮮奶香糕、蓮蓉蒸餅、牛油五仁酥、欖仁棗蓉包等等。這些上世紀二十至六十年代的茶樓點心，已經完全退出了市場，絕大部份香港人連聽都未聽過，會做的師傅也早已退休。幸好找到先輩留下零星文字，讓我們知道這些曾經流行過的茶樓點心。

雞球大包的前身叫做雞窩，在五十年代十分流行，我小時候那是生日的獎賞，但每次總是被一起分食了。做法是將雞球、火腿、蝦、燒腩、蛋黃、冬菇等餡料，放在一個開口的碗狀麵糰中蒸成，有料冇料，一目瞭然。多數茶樓酒家都總有隔夜賣剩的食材和燒味，用來做雞窩或雞球大包，是物盡其用的好方法，當然也有一些出品認真的茶樓是用新鮮材料做的。

雞球大包的繼任者，是大約在七十年代初出現的雞包仔，全部茶樓都用新鮮餡料製作，是不吃叉燒包時的另一個選擇。但不幸的是，現在連見到雞包仔的次數也慢慢減少，可能十年後也再難以找到了。

魚肚蒸滑雞

上世紀五、六十年代，清蒸滑雞是香港茶樓常見的點心，食客再叫碗白米飯便足夠飽肚。從清蒸滑雞變奏出來的，還有薑蔥蒸滑雞、鹹魚蒸雞、荷葉蒸雞腿、頭菜蒸中翼等，後來演變成盅頭飯。有一道棉花雞紮，即淮山雞紮，當中魚肚或豬皮都是「棉花」，只是小姐丫環，身份有別。現在常見的四寶雞紮都是用腐皮捲住的，如果你遇上用淮山捲著的四寶雞紮，且裏面是魚肚而不是豬皮，請拍照為念，並拜託告訴我。

沒有了淮山為紮，大約在七十年代，茶樓點心出現了「棉花雞」，即魚肚蒸滑雞。棉花雞比一般點心貴，起碼算「大點」，但有不少人喜歡吃，而且吃足幾十年，吸引的不是滑雞，而是那吸盡雞汁，被形容為棉花般軟滑美味的沙爆魚肚。只可惜每碟棉花雞只有兩塊魚肚，又怎麼夠大家分？

棉花雞本來是一道粵式小菜，由於受歡迎，後來便變身成茶樓點心。棉花雞用的沙爆魚肚多來自潮州地區，用鱔肚發製而成，價格便宜，發漲簡單，平日在茶樓喜愛吃棉花雞的人，不如自己蒸一碟，把美味的「棉花」吃個滿足。

港式布甸

布甸，直接音譯自英文「pudding」，據說源自英國。香港的布甸最早是由酒店的英國廚師引入，後來經本地中西廚師發揚光大，在七、八十年代最為流行。香港常見的布甸有兩種，一種是凍食的芒果布甸，另一種熱食的，則是酒樓的西米焗布甸。

記得小時候街上賣的都是呂宋芒，路過水果店可聞到很香的芒果味。現在市場上芒果的來源多了，但多數芒果就算放在鼻子前邊也聞不出香味。

芒果布甸的做法比較簡單，大可在家自己做，材料是芒果肉、魚膠粉、雞蛋、糖和淡奶，不需要用焗爐，冷藏即可。

西米焗布甸是中西融合的甜品，可以單用西米，或加入栗子蓉或蓮蓉。以前在酒樓吃酒席，最後上的甜品是用大玻璃碟焗的蓮蓉西米焗布甸，看著企堂用大勺分裝在小碗中，是很多小孩子的期待。近年很少參加婚宴酒席，對這種舊式的玻璃碟蓮蓉西米焗布甸，還是有些懷念的。

羅宋湯

二〇二二年七月一日，聯合國教科文組織（UNESCO）宣佈，將烏克蘭的羅宋湯列入瀕危文化遺產名錄，指俄烏戰爭導致民眾難以烹調這款傳統料理。要注意，申遺的是烏克蘭的羅宋湯，而不是指所有羅宋湯。

其實，羅宋湯的起源眾說紛紜，因為它在烏克蘭、俄羅斯、白俄羅斯、波蘭、羅馬尼亞等地都是餐桌上常見的菜式，有不同的版本。

羅宋湯的材料一般包括牛肉（或者牛骨）、薯仔、紅蘿蔔、豆、洋蔥、蒜頭，還加了紅菜頭或者酸椰菜。加紅菜頭的是紅湯，加酸椰菜的是椰菜羅宋湯，是俄羅斯地區的其中一個版本。傳統羅宋湯，吃的時候都會放酸奶油。

現時港式西餐廳供應的羅宋湯，據說源自戰後由上海人開設的俄國菜餐廳，材料是牛腩、洋蔥、番茄、椰菜、馬鈴薯、西芹，再加上番茄膏。港式羅宋湯沒有放紅菜頭，據說是因為上海人不喜歡紅菜頭的味道，而且紅菜頭的價格比番茄貴。

前幾年我們坐郵輪到北歐和俄羅斯旅行，在聖彼得堡吃過有紅菜頭的羅宋湯，湯面加了酸奶油，濃濃的味道，跟香港的版本截然不同，別有風味。其實每一個廚師都可以有自己版本的羅宋湯，來源並不重要。俄羅斯也好，烏克蘭也罷，一碗美味的羅宋湯，總能令人想起那遙遠的地方。

焗葡國雞

焗葡國雞，英文 Chicken Portugese。葡國當然指葡萄牙，但葡國雞的葡汁，卻發源自以前由葡萄牙統治的澳門。葡國雞的出現，是典型的澳門華洋文化結合，葡汁融合了葡萄牙、印度、東南亞等地烹調用料的特色，以粵菜廚師手法，經醃、炒、焗等三步曲煮成，創造出迎合港澳口味的美食，而「葡汁」更成為粵菜的醬汁，例如葡汁焗四蔬。我們無法查證在半個世紀之前，是哪一位聰明的廚師發明葡汁，但至少我們希望把這道充滿華洋風味的美食，繼續保留和承存下去，以懷念那段不容磨滅的歷史。

上世紀六十年代末，在比茶餐廳或冰室高級一點的港式西餐廳，已經有焗飯出現，記得在九龍太子道窩打老道交界附近，有一間名為咖啡室的西餐廳，就是以焗飯焗意粉著名，但究竟是由哪一間餐廳首先推出，則難以考證了。當時，茄汁焗豬扒飯和芝士白汁焗海鮮開始流行，有些餐廳配炒飯底，或任選改為意大利粉；焗葡國雞是同時期出現的菜式，一般會跟餐一碟白飯，後來再發展出焗葡國雞飯，歷久不衰，深受香港人歡迎。

西炒飯

幾十年前，港式餐廳的餐牌上有一道西洋炒飯，後來則有西炒飯，或者說變成了西炒飯。記得我上學時，香港已經有西洋炒飯，印象深刻。我年輕時喜歡吃茄汁味的港式西餐，例如番茄牛肉飯、茄汁肉碎意粉和西洋炒飯，覺得味道很開胃。現在西洋炒飯在香港已很少見到，幾個月前到澳門一遊，才想起好久沒有吃過了。

葡萄牙是面臨大西洋的國家，而葡幣的發鈔銀行是大西洋銀行，因此澳門人把與葡萄牙有關的東西都冠以「西洋」二字，例如西洋菜、西洋鬼（人）、西洋腸等等。不過西洋炒飯並不是由葡萄牙人傳入的，而是像葡國雞一樣，是澳門最早的 fusion 菜。所謂西洋炒飯，即是中式炒飯加上葡式配料，由澳門中菜廚師發展出來。如果你去葡萄牙里斯本旅行，可能不會吃到西洋炒飯，因為葡萄牙人很少吃飯，他們愛吃薯仔，在歐洲愛吃飯的是意大利人。

西洋炒飯既是中葡混血兒，於是配料中就有雞肉、腸仔、番茄、洋葱、青椒，當然還有橄欖油和水欖，最後加入番茄膏「整色整水」，材料豐富。西洋炒飯並不會炒到乾身，比揚州炒飯要來得濕潤一點，但又沒有福建炒飯那樣多芡汁。注意的是，那幾粒水欖是最重要的，是葡萄牙風味的標誌。我終於明白為什麼後來港式餐廳叫它做西炒飯，沒有了「洋」字，原來最大分別就是廚房沒有水欖了，一笑！

碗仔翅

碗仔翅是在香港流行了大半個世紀的街頭平民小食，但碗仔翅中究竟有沒有魚翅？如果沒有，又為什麼叫做碗仔翅？

話說在清代，自廣州成為對外經商口岸後，魚翅成為達官貴人盤中的高級食材，來自南太平洋及南美等各地的魚翅大量輸往廣州。而當時的香港，則是魚翅的加工中心，去砂、洗翅、曬乾等厭惡性工作，就在今天港島西環水坑口一帶進行，再挑擔運上廣州，賣給魚翅莊。一九四九年之後，廣州的魚翅莊大多遷來香港，香港的魚翅行業也從加工變成世界性的魚翅批發和消費中心。

魚翅工場和酒家，在生產製作的過程中，都會產生不少所謂「翅頭翅尾」的魚翅碎料。上世紀五十年代，頭腦靈活的商人收集了這些碎料，賣給小食檔販，加些冬菇絲、肉絲、木耳絲、蛋絲等，煮製成羹，在街邊廉價出售，稠稠一小碗，既可暖慰腸胃，又滿足了低下階層市民吃魚翅的心願，這就誕生了真正含有魚翅的碗仔翅。到了七十年代後期，香港經濟起飛，魚翅大旺，酒家用碎翅做成雞絲翅。另一方面，因為街頭的碗仔翅大受歡迎，為了能繼續以低價出售，檔販以粉絲代替魚翅碎料，從此就變成了粉絲碗仔翅。

碗仔翅的做法與上海的酸辣湯很相似，材料是粉絲、冬菇絲、熟肉絲或雞絲、木耳絲和上湯。滾湯後打芡，熄火，加入老抽調色，再把打勻的雞蛋漿徐徐倒入，待凝結後攪勻成蛋絲，再加胡椒粉和麻油即成，吃時可加浙醋。

午餐肉

週末的清早，都會心思思想外出吃個早餐，我最想吃的是碎牛粥加炸兩，我家老陳則最愛及第粥和牛脷酥。香港人的飲食習慣近三十年改變了不少，你看各區都是茶餐廳和連鎖快餐店，白粥油炸鬼店越來越少，可能要去紅磡、深水埗、筲箕灣等老區才找到，但傳統在店面用大油鑊現炸的油器已經是瀕臨絕種了。

不變的是，幾乎所有港式茶餐廳、茶水檔、工廠區飯堂，幾十年都沿用兩種罐頭，一是午餐肉，另一個是五香肉丁，歷久不衰。一碗餐蛋公仔麵，煎兩片午餐肉加隻荷包蛋，放在公仔麵上就完成了；或者一碗湯米粉，上面放兩三匙羹五香肉丁，加上一杯咖啡或茶，就成了A餐B餐，價錢不貴。無論男女老幼，明知這兩種食物是罐頭，卻就是百吃不厭。真不明白，這麼簡單的罐頭早餐，明明可以在家裏自己做，但這正是茶餐廳的魅力。

午餐肉本來是西方國家發明給軍隊打仗時吃的食物，方便攜帶又飽肚。我們小時候，凡是打颱風的日子，家中飯桌上就會有煎午餐肉。很早就知道有「梅林牌」和「長城牌」的午餐肉罐頭，聽說外國進口的午餐肉，銷量還不及這兩個國產牌子。我很少吃午餐肉，怕它的肥膩，而且製造午餐肉要添加很多粉，而什麼位置的豬肉甚至內臟都有，其實中外牌子都一樣，不要以為外國牌子的午餐肉就是純豬肉了。不過，午餐肉畢竟方便實惠，還是會流行下去的。

臭豆腐

幾十年前，榴槤在香港是很少人吃的水果，街上偶爾有人賣榴槤，路人還會掩住鼻子繞開。現在時代變了，越來越多人愛上榴槤，吃榴槤成了時髦事情，還開了不少榴槤專門店。反之，同樣是「臭名遠播」的臭豆腐，近幾十年被食環處和一些「衛道之士」打壓得無處藏身，成了消失中的街頭小食之一。

二戰後香港和平，大量上海和寧波人移居香港，一律被本地人統稱為「上海佬」。我聽母親說，當時有錢的上海人來到會開紗廠和織布廠，沒落的中產開小店賣豆漿油條、生煎饅頭，再沒錢的就挑擔上街賣臭豆腐。一挑扁擔，一鑊炸油，一股強烈的臭香，隨著「臭～豆腐」的吆喝穿街入巷，挑賣的是臭豆腐，承載的是無奈與鄉愁。

臭豆腐是我小時候唯一站在街上吃過的街頭小吃，記得那次是幾個同學仔互相壯膽一起去，好像生怕被老師看到。用紙袋裝著的臭豆腐仍然滾燙，加上可隨意添加的甜醬，吃得嘴角冒煙，吃相狼狽又緊張，生怕甜醬沾污了校服，那情境至今忘不了。長大後偶然在餐館吃到蒸的臭豆腐，有朋友說那才是正宗，但我始終喜歡吃炸脆的臭豆腐，可能是因為童年的美好回憶吧。

薩其馬

關於薩其馬的出處，清光緒年間的《順天府志》中記載：「賽利馬為喇嘛點心，今市肆為之，用麵雜以果品和糖及豬油蒸成，味極美。」賽利馬即為當時對薩其馬的稱呼。

事實上，薩其馬這個名字比貼切，道出了製作的工序。滿語的「薩」解刀切，而「瑪」的滿語為「瑪拉」即木板，意思是在木板上切的點心。其他什麼騎馬殺敵、反清復明的故事，都是臆想傳說。

我家老陳喜歡吃薩其馬，八十年代常常特意開車去旺角他心儀的店家買。那年代的薩其馬，是一大塊放在一塊木板上面，買的時候才用刀切開，遇上新鮮出爐不久的薩其馬，店家會叫你等一會再來，因為要待放涼之後才可切。我家老陳最愛這種饞嘴的等候，非要買到不可，有時寧可冒著車子被抄牌的風險。

以前的手工薩其馬，裏面有芝麻、核桃、葡萄乾，用的糖是蜂蜜或麥芽糖，香脆煙韌，蛋味很香，咬下去還會拉出少許糖絲。九十年代末，薩其馬沒有了葡萄乾，包裝薩其馬登上超市貨架。二千年後，老陳跑到筲箕灣的街邊檔去買板切的手工薩其馬，芝麻和糖絲沒有了，煙韌程度少了一半，但總比機製薩其馬好吃。後來連這筲箕灣的薩其馬也變成了獨立包裝，核桃不見了，口感乾了。

見新界有三處賣薩其馬的地方，我會分別買來給老陳解饞，元朗兩間是工廠行貨，粉嶺的一間還算好一些，但都是機器生產的貨色，近年老陳已經不再對薩其馬存有任何幻想了。

清補涼

香港位處五嶺之南，而且臨海，氣候濕熱，往往導致身體容易有小毛病。由十九世紀至上世紀七十年代，香港不是人人都看得起醫生，而水碗涼茶就成為一般人不可或缺的保健飲品，但一直都不是高消費品。涼茶雖不能治大病，但起碼得以維持身體的少許平衡，更有一重意義，就是對心靈的安慰。

涼茶舖是個古老行業，昔日涼茶多是前店面後工場，年中無休地把藥材煎煮成飲品，方便了千千萬萬的勞工階層。人們只要感到上火、濕熱、口苦、牙肉痛、咽喉痛，甚至初起傷風感冒，又未嚴重到需要看醫生，都會去涼茶舖喝一杯萬能的廿四味涼茶。又或者在涼茶舖喝杯火痲仁，滋潤通便，也是對抗乾燥秋天的好選擇。

清補涼是廣東民間獨有的傳統保健飲品，兼備清熱、補益、涼潤三種功效，故名為清補涼。清補涼性溫和，口味大眾化，既可作為家庭的保健茶，也可用來煲湯，適合身體疲倦、上火乾燥、食慾不振時飲用，不過患感冒時應忌服。

清補涼的配方也很隨意，並沒有硬性規定的藥材品種和比例。內容一般包括生薏米、蓮子、百合、淮山、芡實、玉竹、桂圓肉、北沙參等藥材，一般中藥店有包裝的清補涼出售。

甘蔗與蔗汁

香港的天氣很適合種蔗，以前新界元朗、上水、西貢等地方都有蔗田，種植黑皮蔗、青蔗和黃蔗，也曾經有人投資製糖廠，生產俗稱片糖的紅糖。現時香港的種蔗行業已經式微，當然的原因，首先是土地有價，而種蔗是辛苦工作，現在很少人願意做；氣候的風險也很高，下雨多蔗的生長就不好，打颱風或狂風暴雨都會把成片蔗田打爛，完全欠收。所以今日香港賣的蔗，包括街市見到用來煮茅根竹蔗水的蔗，基本上都是由內地入口的。

四五十歲以上的香港人，應該還記得涼茶舖或街邊檔賣的竹蔗水、蔗汁還有蔗汁糕，這些蔗的小食在香港其實還未消失，只是已不太被新一代的人注意了。

上世紀五、六十年代，涼茶舖曾是年輕男女約會的地方，也是市民聽麗的呼聲的聚腳點，有些涼茶舖還會放置一台點唱機，投幣就可以點唱時代曲。甘蔗性偏寒涼，但有解渴、清熱潤燥的功效，女士們怕寒涼會喝熱的茅根竹蔗水，男士們就喝鮮榨蔗汁，榨汁機就放在門口，即榨即賣，在夏天很受歡迎。

屏山九碗盆菜宴

盆菜和九碗，兩種都是客家圍村的筵席菜。經濟環境較好的村民，在過年會設九碗宴請至親好友。九碗又稱為九碗，是歷史悠久的中原食制，將九道不同的菜式放在九個瓦碗或開口大碗中奉客，九道佳餚寓意長久吉祥，菜式要比盆菜用料更豐富講究。

香港圍村人的習俗，在慶祝新春時是吃九碗，不會吃盆菜。盆菜宴一般是在婚嫁、滿月、壽辰、點燈和拜祭先人時舉行。

屏山鄧氏的盆菜宴最為豐盛，在祠堂以九碗加盆菜來宴客。九碗的菜式隨主家決定，通常包括：陳皮鴨湯、黃酒雞、炸門鱔、芋頭扣肉、雞汁花菇、子薑菠蘿、甜酸豬手、豉油王煎大蝦、浸烏頭，還有大桶的雞油飯，最後上一個傳統的豬肉盆菜放在九砵中間，用爐加熱保溫。

酸筍（筍蝦）炆豬肉是盆菜中的精髓，也可搭配客家鹹菜，墊在豬肉下面的豬皮、腐竹和蘿蔔吸收了豬肉和醬汁的味道，美味非常。在以前，炆豬肉盆菜是給下人和工人吃的，由於他們體力勞動大，要多吃肉類，每盆會放超過四斤豬肉，加豆醬、南乳、蒜頭、乾蔥、筍蝦、蔗糖、玫瑰露等，以柴火煮成。

九大簋的迷思

承上文提到圍村的九砵／九碗，鑑於有很多讀者疑問：九砵是否等於九大簋？在此有必要細說一下。

簋和鼎，都是商周時期一種圓形或方形的青銅禮器兼食器。《周禮》記載了貴族的祭祀和日常飲食制度，天子九鼎八簋、諸侯七鼎六簋、卿大夫五鼎四簋，鼎和簋的多少是主人身份、宴會規格、食物豐盛程度的標誌。鼎有三足，大的鼎可作為菜餚的炊具，小的可作食具。西周時期我國的菜餚烹飪技術異常發達，而且以肉食（豬、牛、羊、魚）為主，貴族的宴席中有「列鼎而食」，但鼎不上席，只列於庭中，鑊中煮熟食物盛於鼎中，再分置於「豆」（高足盤、高腳碟）上席。古制中，鼎的數目必為單數。簋的使用與鼎相似，但只用於盛放飯食（稷、黍、稻、粱），不裝肉食和羹，而古制中簋的數目一定是雙數的。

清乾隆二十二年（一七五七），廣州再次成為通商口岸，經濟急速增長，但直到清光緒之前，廣州仍未有三層高的酒樓。當時，各官商巨賈在家宴客或春秋二祭，皆由家廚或妻妾掌勺，或請包辦館上府到會。如果到會請的是名廚，主家會以四人大轎接送，宴會用的魚翅海味預早煨好，連同菜餚材料和湯底，以大埕或大籃子裝載，用一隊挑夫擔到請客的主家。最豐富菜式的規格，是用九個籃或大埕裝著，寓意長長久久，路人看到，便會說某府今晚吃「九大簋」了，可能當時也是一種炫富的表現。

因此，廣東話的「九大簋」，是形容食物豐富的俗語，更以「大」字來加強隆重感，但並不直接等於古代中原的鼎和簋食制，這些都證明所謂的「九大簋」，與客家圍村九砵／九碗的習俗無關，坊間和網上流傳的多為人云亦云之說。

流浮山蠔業

秋風起，生蠔肥，酥炸生蠔、薑蔥焗生蠔、砵酒焗生蠔、啫啫生蠔煲，都是香港的傳統名菜。香港人說起吃生蠔，就會想起流浮山，流浮山位於元朗后海灣，對面就是深圳蛇口。流浮山的地理環境很獨特，是元朗河和深圳河出海的鹹淡水交匯處，海水中的微生物含量豐富，造就了一個適合淺水生蠔生長的水域。有文獻記載，流浮山的養蠔業已有幾百年歷史。

五、六十年代，流浮山有大片養蠔田，生產生蠔，製作蠔水、蠔油和蠔豉。至七、八十年代，流浮山形成了一個海鮮餐館的集中地，每逢週末和平日的晚飯時段，窄窄的海鮮小街都擠滿了來吃海鮮和買蠔豉、鹹魚、蝦米乾貨的客人。但由於后海灣水質一度被污染，令流浮山養蠔業大受影響，幸好香港及廣東省政府合力推行保護及保育政策，養蠔業才得以恢復。現在的流浮山，是香港其中一個重要的海鮮批發市場。

傳統的蠔豉是煮過的生蠔，然後再曬乾，存放時間比較長，蠔水抽出來則做成蠔油。而金蠔就是曬到半乾的原隻新鮮生蠔，保留了蠔的柔軟，但又比新鮮生蠔多了一份甘香。由於不是百分百全乾，金蠔最好存放在雪櫃中，盡快食用，品質最佳。只要你家中有向陽的天台或露台，金蠔完全可以自製。買些肥美的生蠔洗淨，用紙吸乾水份，逐隻排在竹曬盤中，放在烈日下曬，每隔三四個小時翻轉一次，確保底面曬得均勻，連續曬三天即成。

鹹鮮、七日鮮與一夜埕

鹹鮮，是昔日香港漁民飲食一種獨特的烹調方法。漁民出海捕魚，船上條件有限，只能夠用最簡單的方法烹調。鹹鮮就是醃鹹的鮮魚，是原汁原味的下飯菜式。以前漁民用捕獲的魚製作鹹鮮，魚是不洗的，不刮掉魚鱗，甚至不開魚肚去掉內臟，在筲箕上撒一層粗鹽，放一層魚，再撒一層鹽，又放一層魚，筲箕可以漏走魚水，提升魚的鮮味，對魚的原味絲毫無損。吃法一般都是清蒸，魚身上放薑絲和油，蒸熟後用筷子把魚鱗撥掉。在香港用作鹹鮮的魚類一般是青筋魚、馬頭魚、紅衫魚等，蒸鹹鮮青筋魚是港式蜑家菜，也是香港常見的家常菜。潮汕漁民醃製鹹鮮的方法和香港本地漁民不同，稱為魚飯，詳見前文。

七日鮮，是在遠洋漁船上即捕即製的魚乾。它的做法和鹹魚不一樣，因為船上沒有多餘的空間曬鹹魚，漁民會把魚處理乾淨後，剖開魚身，用鹽水泡過，在船上拉一根繩子把魚掛上等待吹乾，有北風的日子，吹一個晚上就夠了。這樣做出來的七日鮮，魚身不會太乾，魚肉仍有彈力，不失鮮味，鹹味和口感介乎鹹鮮和鹹魚之間，但是更有海水的味道。由於它在常溫中只能保持幾天，「七日鮮」的名字由此而來。

一夜埕，是廣東陽江和茂名地區的特產，做法類似香港漁民的鹹鮮，傳統上是把新鮮捕獲的紅衫魚（也有用其他小海魚），放在大埕中用鹽醃一夜，故名一夜埕。第二天拿出，風吹日曬至半乾，可煎食或清蒸，或加五花肉片同蒸，做好的一夜埕可以放冰箱中保存，隨時可食。一夜埕既有鮮魚味，也有鹹魚的鹹香，以前當地人叫它做「淡曬鹹魚」，是沿海百姓美味的佐粥或下飯菜式。隨著飲食業和旅遊業發展，一夜埕成為陽江以至廣東沿海的熱門菜式，商家更推出抽真空包裝的一夜埕，作為旅遊伴手禮，遊人把它戲稱為「一夜情」，自此更為揚名。去陽江旅遊，一定不容錯過。

消失的餐尾艇

一九五〇年韓戰爆發，隨後是長達二十年的越戰，那年代香港經常有英國及美國的戰艦停泊在中環、灣仔和銅鑼灣對出的海面，以作補給。當時銅鑼灣避風塘內有很多舢舨艇，接送水兵來回岸邊和船上，舢舨沒有發動機，只靠搖櫓。搖艇的都是水面人女性，這份工作需要體力，也要懂得一兩句簡單的英語。

避風塘內還有幾隻餐尾艇，專門用來收集艦上的剩菜，掌櫓的通常都是中年婦女，載上一兩個二十歲左右懂點英語的年輕「餐尾妹」。每天大約下午兩點及六點搖到艦旁，餐尾妹從船旁的懸梯（Gangway，水上人俗稱「驚威」）上船，來到艦上廚房，廚房的管事會把剩餘的食物（統稱餐尾）交給她們，廚房水兵就不用處理廚餘了。餐尾艇收集廚餘不用付錢，只是有時免費接送水兵上岸遊玩而已。

餐尾妹首先會把桌上剩菜倒入一個大桶內，準備賣給養豬戶做餸水，然後把未吃過的乾淨食物放入準備好的容器內，通常包括牛排、豬排、雞肉、雞蛋、麵包、意粉等等。為了保持新鮮，餐尾艇會把食物盡快送到筲箕灣，交給親戚整理後擺到街上售賣。筲箕灣位置靠近灣仔、銅鑼灣海面，搖艇只要個多小時就到，當時那一帶的貧窮人口較多，由於餐尾價錢便宜，生意很好。除了筲箕灣之外，香港沒有別的地方收集及買賣餐尾食物。

七十年代末越戰結束後，停泊香港的戰艦大幅減少，持續了二十多年的筲箕灣餐尾艇行業亦從此消失。

東江菜在香港

一九六三年香港遭遇百年大旱，全城實行四天供水一次。同年，周恩來總理簽署批准修建由東江至深圳水庫的輸水工程，兩年後接駁到香港，從此東江之水越山來，這件事讓大多數香港人認識了東江。

東江穿越了廣東省著名的客家大本營惠州市，自古東江兩岸就比較繁華，也是茶樓酒肆集中的地方。東江菜在明清朝時期，便與閩西、贛南、梅縣一起，成為了客家菜中最具代表性的四個派系。上世紀三十年代，東江菜在廣州逐漸興起，一家東江飯店推出把傳統的客家釀豆腐以煲仔上桌，名為「東江豆腐煲」，大受歡迎。

回顧香港的客家東江菜，則是在四十年代末五十年代初，由當時的內地新移民發展出來。在香港開餐館的客家移民，主要來自興寧、梅縣、平遠，同為「嘉應五屬」，是道道地地的「梅幫」，他們的菜式在香港被稱為東江菜。六、七十年代是東江菜館在香港的興盛時期，以「大件夾抵食」作為招徠，廣受普羅市民歡迎。除了東江豆腐煲，大家熟悉的菜式還有梅菜扣肉、鹽焗雞和脆皮炸大腸等。

後來由於香港經濟起飛，食物和食肆的選擇變得多樣化，加上客家飯店經營比較保守，受新一代香港市民歡迎的程度逐漸減退。但到千禧年代，隨著懷舊風潮，又出現了一些新派的客家小店，直到現在，仍佔香港飲食業的一席位。

一九四九年，「泉章居大飯店」在深水埗北河街開業，為香港第一家較有規模的東江菜館，後來陸續在港九開設分店。另一間比較著名的，是一九五六年在銅鑼灣怡和街勝斯酒店開業的「醉瓊樓」，分店後來亦遍及港九各區。

在七十年代的東江菜館全盛期，九龍有油麻地平安大廈的「梅江飯店」、通州街的「粵都飯店」、青山道的「梅都飯店」、西貢街的「中英飯店」和寧波街的「總統東江菜館」，港島則有德輔道西的「江記東江菜館」，這些都是香港回憶的一部份了。

俄國菜在香港

小時候，在香港街頭常常見到俄國人，特別是尖沙咀區，男的體形壯大，女的戴著頭巾，穿著曳地長衣裙，香港人叫他們做「白俄」。我一直以為他們就是來自現在的白俄羅斯，但最近閱讀丁新豹教授的《非我族裔：戰前香港的外籍族群》一書，才知道此「白俄」非彼「白俄」。一九一七年，列寧帶領布爾什維克發動「十月革命」，成立蘇維埃政權。其後，紅軍擊敗反對派的白軍，大批白軍和家眷流亡到中國，散居在北京、青島、上海等地，亦有一部份人遷到香港。

因此，香港很早期已經有餐廳供應俄國菜，由俄國或中國廚師經營。一九二八年上海的「Jimmy's Kitchen」在香港灣仔開業，帶來了海派西餐，包括上海版的羅宋湯、基輔雞和俄羅斯牛柳絲。

上世紀四十至六十年代，是俄國菜餐廳在香港的全盛時期，包括港島的「皇后飯店」、「金馬車餐廳」、「溫莎餐廳」和「老大昌飯店」；九龍有彌敦道由白俄人開的「車厘哥夫」（Cherikoff）、彌敦道的「愛皮西 ABC 大飯店」、加拿芬道的「麗琪大飯店」和土瓜灣的「銀馬車餐廳」等。尖沙咀加連威老道的「Kaiser Restaurant」除了歐美、法國菜式外，也供應俄國菜。一九六四年，俄國菜餐廳「沙厘娜」（Czarina）在般咸道開業。

五十歲以下的香港人，大部份都不會光顧過這些俄國菜餐廳，居港的俄國人從來都不多，俄國菜亦早已淡出香港。

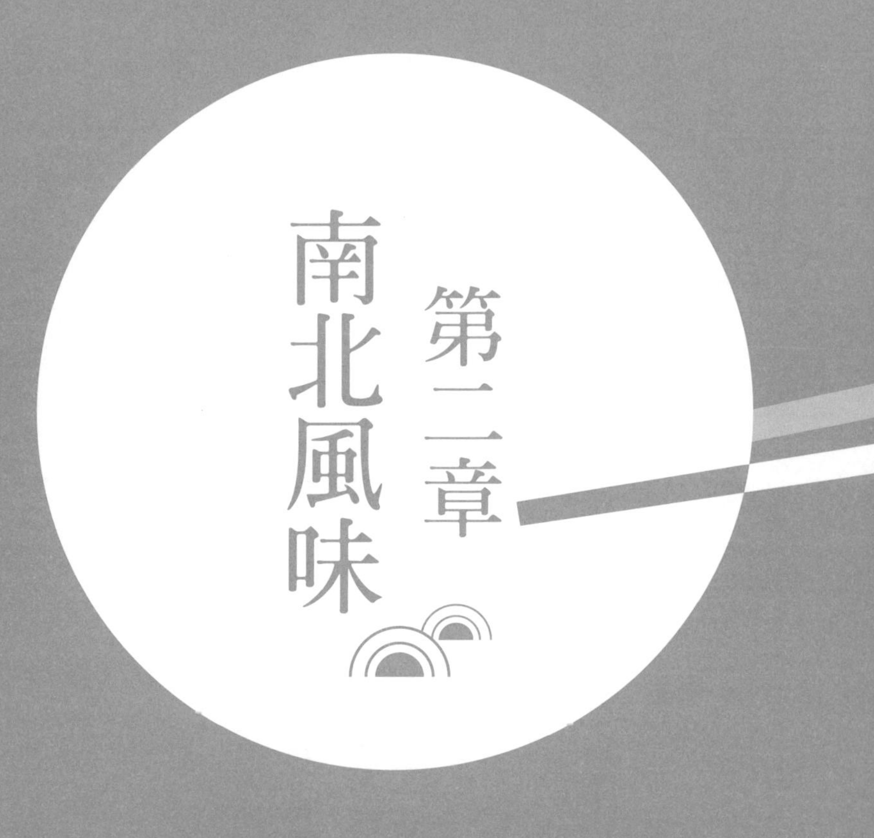
第二章
南北風味

2.1 福建

福建春餅

九十年代初，我曾在印尼雅加達工作五年之久，也能結結巴巴講些印尼語，當時結識了不少印尼華僑，他們大多數的祖籍都是福建泉州。福建華僑待客熱情，過年時候都會邀請我去他們家作客，當中令我印象最深刻的食物，一是用蝦頭蝦殼熬濃湯煮的福建蝦麵，第二就是春餅，也叫做潤餅。

古代的福建人拜祭春神，會獻上春盤，盤中奉有大蔥、小蔥、韭菜、芫荽、苔菜等五辛，寓意在春天開五臟祛伏氣，祈求健康。後來，春盤增加了更多品種的野菜時蔬和海產，以薄餅捲著來吃，叫做春餅，成為福建人傳統的春天食品，廣為流傳。

福建春餅歷史悠久，各地使用的餡料都不大相同。在台灣吃過閩

南風味的春餅，椰菜是餡料的主角；在馬來西亞，餡料會加入沙葛絲，爽爽甜甜很開胃；而我在雅加達朋友家吃到的，是泉州風味的潤餅宴，各式餡料擺滿一大桌，除了春盤的五辛外，還有紅蘿蔔、荷蘭豆、細豆芽、雞蛋絲、灼大蝦和珠蠔仔，五顏六色，客人自己動手用餅皮包來吃，最後來一碗樸實的番薯粥，感覺非常滿足。福建朋友的熱情招待，令我至今難忘。

幾年前曾到福州一遊，不是在春季，沒有吃到我心中懷念的春餅，吃了當地一種類似的食物叫福州春卷，但蔬菜是全熟的，吃不出春天的清爽，也有可能是印尼華僑的春餅已經西化了。我自知這方面知識淺薄，還望福州讀者朋友不吝指正。

福州肉燕

上世紀四、五十年代，有很多福建人移居香港，至今已是第三代了。福建人聚居於港島北角區，所以北角又有小福建之稱。

福州有一種很有特色的風味小吃，叫做肉燕，樣子有點像小魚皮餃。北角的街市有店舖出售肉燕，和像雲吞皮一般的燕皮。據說燕皮有燕窩的味道，所以稱為肉燕皮；另一個說法，說包了餡料的肉燕像一隻小燕子。

不少人誤以為肉燕半透明的皮是魚肉做的，其實不然。燕皮是將豬後腿的瘦肉剔去膜和筋，切成幼條，用木槌打成肉泥，加入番薯粉和清水拌勻壓實，輾成薄片，上面再敷上一層番薯粉，就成了新鮮的燕皮。晾乾之後的乾燕皮可以耐放，是福州的旅遊手信之一，淘寶也可以買到。手打的福州燕皮始創於清光緒年間，距今已有百多年，古時福州只有一條主要大街，燕皮作坊就有好幾間，不過現在的燕皮多是機器做的。

福州有很多小食店，甚至百年老店，我們去過一間「同利肉燕」就是專門賣肉燕湯的，買了就站在街上吃。肉燕的餡料是用豬肉、蝦米、馬蹄、紫菜、蔥等剁成醬，將燕皮切成兩吋左右大小，包入餡料蒸熟而成。福州還有一個傳統，就是吃肉燕湯加鴨蛋，叫做「太平燕」，是一道喜宴和壽宴的大菜，據說上席時還要燒炮仗。福州人稱「蛋」為「卵」，而鴨卵音似「壓亂」，取太平之意也。

紅蟳米糕

紅蟳米糕，也叫做糯米蒸蟹，是福建及台灣台南市的名菜。這兩個地方的居民都叫青蟹做「蟳」，而雌蟳在抱卵時身體會變紅，所以叫做紅蟳。

北宋美食家蘇東坡，在《仇池筆記》中就有「盤游飯」的記載，即今日閩菜和台菜中的筒仔米糕，是中國最早出現的米糕。把糯米、魷魚、冬菇、紅蔥頭、肉碎等材料，加豬油、醬油、酒、麻油等作料炒香，放入竹筒中蒸熟，吃時把飯倒扣出來，就是筒仔米糕。近年福建和台灣的筒仔米糕，多數已經不再用竹筒盛載，而改用小瓷碗。

在香港做紅蟳米糕，可選用奄仔蟹、膏蟹、三點蟹和花蟹，把斬開的蟹放在有味糯米飯上蒸，蟹黃和蟹汁融入香噴噴的糯米飯中，齒頰留香，賣相亮麗，做法簡單，是請客吃飯的好選擇。

南煎肝

很多人喜歡吃豬膶，只是很少在家做。在茶樓見到豬膶燒賣已經如獲至寶，可惜多數都蒸過了火，哪怕是著名的茶樓。

家翁在上世紀五十年代初所著的《食經》中，有篇文章寫福建名菜南煎肝。「南」的意思並非指南洋，而是指閩南，即福建南部包括泉州、漳州、廈門等地區。這道源自客家的菜式，由福建西部客家人聚居的長汀（汀州），跟著他們的足跡到了閩南地區，後來客家煎豬肝成了受歡迎的菜式，菜名就叫做南煎肝。

清康熙年間，朝廷取消渡台禁令，大量閩南的客家先民渡海台灣，他們聚居在今天台灣桃園、嘉義、台南、苗栗和新竹一帶，以務農養魚為生。他們的語言是客家話加台語，是台灣的客家先民。隨著幾百年時光流逝，大部份客家菜式早已融入台菜中，很多菜式已經分不清台菜或客家菜，但客家人愛吃豬內臟的習慣，仍然保持不變。

閩南的南煎肝到了台灣，一般稱為「煎豬肝」。台北著名的欣葉台菜，煎豬肝的火候掌握得非常好，豬肝僅熟而入味，咬開不帶血。

興化米粉

幾年前，我們在客家菜大師張建汀的帶領下，到江西、福建的客家地區遊歷，在贛州、龍岩、長汀等地體驗客家菜，是一次難忘的旅程。我們在贛州吃過一道興化米粉魚，印象深刻，蒸魚的下面鋪了一層興化米粉，這個吃法頗有風味，實惠而美味，真是長知識了。

福建莆田市位於福建中部，古稱興化，莆田出產的興化米粉，品質很好，優點是米味很香，幼細柔軟，顏色潔白，用來蒸或炒都可以，而且耐儲藏。香港北角街市可能有售，最方便是網購，價廉物美，還可以直接通關到香港。我通常會淘一箱回來，可以蒸炒多餐，家人都很喜歡吃。

莆田人逢年過節，餐桌上必有炒興化米粉，閩南婦女個個都是炒米粉的能手，互相之間也有比試。家庭炒米粉多數是加素菜，如果作為宴客就會配肉或魚。如果去福建旅行，會見到很多小店售賣價廉物美的素炒興化米粉，是當地人愛吃的早餐。

河田雞

長汀縣位於福建省龍岩市，武夷山南端，汀江上游。汀江是閩西客家的母親河，在《周易》八卦的體系中，南方屬丁，故這條向南流的河又稱為丁水，後稱汀江。唐開元年間置汀州，從盛唐到清末，均為州、郡、府所在地，曾經是閩西的政治、經濟、文化中心。長汀是古代汀州的府城衙門所在，後來廢了州制，現在是客家人聚居的地方。

長汀是一個美麗寧靜的古城，行走其中，使人聯想起鄧麗君《小城故事》。長汀很幸運，二戰時因為附近設有美軍飛虎隊的軍用機場，免於被日軍轟炸，大部份古建築得以保存下來。外國曾這樣評價長汀：「中國有兩個最美的小城，一個是湖南的鳳凰古城，一個是福建的長汀古城。」

客家宴席一定有雞，客家人無雞不歡，長汀的河田雞，是中國原種的五大名雞之一。河田雞自唐朝起就有名氣，當時的河田公雞，還是一種驍勇的鬥雞。河田雞遠近馳名，是因為它外表絢麗，雞冠鮮紅，肉質嫩滑鮮甜。我們在長汀晚飯吃的是白斬河田雞，雞味很濃，只可惜感覺火候有點過了，當地人說客家人吃雞就是要煮到這樣，這與我們的習慣很不同。我們幾個香港人邊吃邊私下嘀咕，如果這隻雞交給我們來煮就好了。

網上資料說河田雞是世界五大名雞之一，我覺得這說法不能盡信，有誇大之嫌。世界之大，雞種之多，烹調法之多，如何能公平比拚？

沙縣小吃

去內地旅行時，不論在大小城市，都會見到寫著「沙縣小吃」的平民小食店，四個字的招牌，字體一模一樣，連售賣的麵點小吃也是相同的那幾味。我們心裏有一個疑問，這究竟是不是一家連鎖集團，店的數目如此驚人，覆蓋面如此廣，該如何管理？

原來，福建西部有一個三明市，而沙縣是三明市轄下的一個縣。既然名為「沙縣」，一聽就知道是土壤貧瘠不宜耕種，北方人叫這種地方做兔子不拉屎，一個警察睇兩頭的窮地方。沙縣人貧窮了千百年，直至三十多年前來了一位縣長，出了一個好主意，使窮得叮噹響的沙縣，從此改變了命運。

當時，中國到處都是離鄉別井謀生的民工，沙縣政府研究了他們吃飯的實際需要，在全國註冊了一個品牌「沙縣小吃」，鼓勵沙縣人帶著最簡單不過的小吃技能走出沙縣。只要是沙縣人，就可以申請免費使用「沙縣小吃」這個招牌，同時縣政府還為他們開培訓班，所以不但招牌一模一樣，賣的麵點小吃也基本相同。當時全國有大量民工湧到城裏工作，一碗燙熱的花生醬拌麵或清水小雲吞，一元吃飽二元吃好，解決了千萬民工的吃飯問題。從此，「沙縣小吃」如雨後春筍，在全國遍地開花，到了三十多年後的今天，據說已有約八萬多家「沙縣小吃」。

今天的沙縣公路寬闊，超市商店林立，人們住進了高層住宅小區，三明市的機場也設在沙縣，沙縣人憑自己雙手富起來了！

2.2 江西

南安臘鴨與沙縣板鴨

香港人吃臘鴨，都知道有南安臘鴨，但南安在哪裏，卻很多人都不知道。南安其實是一個很普通的小鎮，位於江西省贛州市的大余縣。

南安臘鴨在江西叫做「南安板鴨」，不管哪個稱呼，都是同一種東西。

南安臘鴨在十九世紀末已經享譽港澳，以至東南亞各地。臘鴨用的是當地的「大粒麻鴨」來加工，這種鴨體形不大，肉質細嫩而有油份，小鴨飼養三個月左右，再育肥三十天，到肥瘦適中才能用來做臘鴨。師傅把炒過的鹽擦在鴨身，直至鹽份全部滲入才放進醃缸中，醃製八小時；然後用溫水漂洗，再放在木板上定型；趁著秋風，上架晾曬五至七天，等到甘香漏油，便能出售。

由江西贛州坐火車向東行約三小時，到了福建三明市，這裏有一個因小吃而全國聞名的沙縣。我們在沙縣吃的第一頓飯，就愛上了它的沙縣板鴨。

跟南安臘鴨正好相反，一肥一瘦，各有特色。南安臘鴨吃的是甘腴的油香，用來做煲仔飯可稱絕品；而沙縣板鴨吃的是它的瘦，取一塊手撕著吃，燻香的鴨肉，薄到幾乎透明的鴨皮，是下酒的好菜。

沙縣板鴨已經有兩百多年歷史，其特別之處，是它採用一種肉質細嫩的菜鴨。母鴨是紅頭大番鴨，雄鴨是當地水鴨，生出來的鴨不能生育，沒有下代，就像雜交水稻，還有馬和驢子交配生下的騾子。天生我材必有用，用醜小鴨做的沙縣板鴨，絕對是下酒的美食。

黃元米粿

江西、福建、廣東（簡稱贛閩粵）三省交界的山區，是客家人發展起來的地方。自東晉開始一直到清代，中原漢人因戰亂或饑荒，幾次大規模南遷，大部份人都是沿贛江而下，先在虔州（今贛州）登岸，再向閩西和廣東、廣西遷移，及後散居內地不同城市以至海外。

初冬十二月，我們在這地區進行了一次探索客家菜之旅，第一站當然是到被稱為客家菜搖藍的贛州。由深圳北站坐時速近兩百公里的動車到贛州，沿途穿越多到數不清的隧道，原來我們幾個小時都身在延綿大山之中。

到了贛州已是晚飯時候，滿滿一桌的客家菜，只有一味客家釀豆腐與香港客家菜相同。江西人喜歡吃辣，八成以上的菜都加新鮮辣椒，稱為鮮辣。當地的客家宴席是先上湯和主食，起暖胃的作用。今次的主食是一道炒黃元米粿，色澤金黃，口感糯軟，像浙江的炒年糕，但它不是用糯米，而是用當地一種叫大禾米的白米做的。

黃元米粿是贛州客家人傳統食品之一，相傳在唐代曾被列為貢品。農曆十二月下旬，是贛州客家人忙於備年貨的日子，也包括了「打黃元」。他們把山中一種叫黃荊條的小灌木燒成灰後用來泡水，拌入米中蒸熟，然後倒入石臼中，用粗木棍不停地捶打，打至軟韌為止。取出放在模具中壓製成形，吃時才切成條，一般是加白菜和臘肉炒食，也可以放湯。

潯陽樓水滸肉

說到江西省，就會想起我們熟悉的景德鎮陶瓷，當然還有滕王閣，因唐朝詩人王勃所作的《滕王閣序》而名傳千古。

江西菜又稱贛菜，最早見於漢朝的《漢書》和《後漢書》，有著悠久的歷史。在漢唐至兩宋年間，江西的經濟文化興盛，物產豐富，素有魚米之鄉之稱。贛菜又以九江鄱陽湖地區、南昌贛菜、贛南客家菜、鷹潭道教菜等組成，別具地方特色，還有大量和飲食有關的民間傳說和典故流傳至今。

江西省九江市，古稱江州、潯陽，水陸交通便利，經濟昌隆。相傳古代江州城有一間著名的潯陽樓，酒樓背倚廷支山，面臨長江，樓閣一半在岸上，一半在江上，遠近可見。潯陽樓生意興隆，文人墨客、過路商賈、英雄豪傑皆到此飲食聚會。

就連小說《水滸傳》中，宋江等人亦常到潯陽樓，必吃潯陽樓名菜炒嫩肉片。後來宋江就是在潯陽樓出事，因醉題反詩而被問斬，幸得李逵等人在江州劫法場，救出宋江，共赴梁山泊聚義。潯陽樓的炒嫩肉片因宋江而出了名，之後改名為水滸肉。

2.3 湖南

剁椒魚頭

湖南湘菜，是我國八大菜系中最有鄉土風味的菜餚。湘菜由湘江流域、洞庭湖區和湘西的菜餚組成。湘菜很少用上高級的材料和花樣百出的烹調技巧，但就貴在講究味道，菜式也夠家常，就像湖南人的個性，看似普普通通，但骨子裡卻是熱辣辣的火性子，不易妥協，也非常實在。湘菜要辣，就驚天動地把人辣個半死，辣得眼淚汪汪，鼻子也嗆紅了，但還是辣上了癮。

湘菜辣得有性格，但湘菜味道其實也很複雜，並不只有一個辣字。湘菜重視各種材料的配搭，以及味道上的互相影響，平凡中見功夫，成就了湘菜風靡海內外的原因。毛氏紅燒肉、臘味合蒸、肉末炒酸豆角、油炸臭豆腐、東安子雞、香辣蟹、豆豉辣椒炒苦瓜、泡椒黃辣丁（香

港叫黃骨魚），令人想起就垂涎三尺，想幹掉大碗白米飯。但湘菜也有溫柔婉約的蒜苗炒攸縣豆乾，和清清爽爽的煎冬瓜和炒藕片，各種濃淡味道兼容，湘女多情，漢子剛烈，這就是湘菜。

湖南位於長江南岸，自古是魚米之鄉，湘菜中魚饌的比例很高，但要做得正宗，還要用上原汁原味的湖南調味料和配料。剁椒魚頭是以大魚頭的嫩滑和鮮味，配上湖南剁椒的鹹和辣，紅紅綠綠一大盤，令人精神大振。

記得廿多年前第一次吃湘菜，印象最深的就是剁椒魚頭，從此便愛上了它，還到處託人買湖南剁椒在家炮製。後來和朋友說起，原來有不少人與我一樣，一吃就念念不忘，每次在湘菜餐館吃飯，第一道點的菜，總是來一道剁椒魚頭。

臘肉炒攸縣豆乾

湖南省位於長江中游南岸，雨水充沛，陽光充足，四季分明，農牧漁業發達，是長江流域的魚米之鄉。湖南菜即湘菜，由湘江流域、洞庭湖區以及湘西的風味菜式組成，稱為湖湘風味，菜式重鹹辣，不辣不高興，充份表現湖南人耿直、剛烈的性格。

葷素搭配的臘肉炒攸縣豆乾，是湘菜餐館必備的菜式。湖南人熱情好客，家裏來了客人，主人走進廚房就炒一大碟臘肉炒豆乾加菜，畢竟臘肉和豆乾都是湖南人家中常備。

攸縣位於湖南省東部與江西省交界處，是湖南省其中一個客家人聚居地。攸縣豆乾是當地的特產，營養豐富，厚實軟嫩，豆味香濃，聞名全國。香港比較難買到攸縣豆乾，但內地大超市都有售，也可上淘寶購買，一包四件真空包裝。

湖南臘肉與四川臘肉齊名，都是香氣誘人的煙燻臘肉。傳說湖南人在漢代已經懂得製作臘肉，寒冬臘月，家家戶戶用柴火燻製臘肉、臘雞、臘魚。湖南臘肉色彩紅亮，肥而不膩，可惜近年買到的湖南臘肉都太瘦了，若在內地超市見到有五層油花的，記得快快買下來，放雪櫃可保存一年。

2.4 湖北

瓦罐燉湯

湖北省位於華中地區，稱為鄂。商周時期，長江中游的飲食文化開始迅速地形成。到戰國時期，楚國興盛，更加速了飲食文化的發展和進步，荊楚食風已具雛形。《楚辭．大招》中有「五谷六仞」一語，可見當時糧食堆積如山的景象。明清時期，更有「湖廣熟，天下足」一說，可見當時湖北的糧食生產已居全國舉足輕重的地位。

在湖北省常常會見到一些風味飯店，門口擺放著一個個大瓦罐，大瓦罐通常會上一層土黃色的釉，配合一些古老的花紋，寫著一個大大的「煨」字，就是煨湯的意思。湖北的煨湯技術別具一格，著名的

有蓮藕燉排骨、豬肚煨土雞、猴頭菌煨鴨等。大瓦罐用蜂窩煤慢火煨了一整天，有客人下單了，夥計就會用鐵夾從大瓦罐中夾出小瓦罐，土啡色的小瓦罐裏面，就是各式的老火煨湯。

相傳秦始皇統一中國後，巡視大江南北，有一次要到楚地一遊，楚郡守大為緊張，不知怎樣才可取悅秦始皇，便召來位三老臣子商量。三老認為必須以特色美食招待，於是把雞、鴨、野菌等最好的材料放入土罐，再置於大罐中煨一天一夜，隨時準備，待秦始王到來便獻上。秦始皇吃後大為讚賞，回宮後命御廚照做，成了秦宮中的一道美食，從此煨湯的吃法便在楚地的貴族百姓中流傳開來。

無論傳說是否真有其事，煨湯卻真是湖北人家家戶戶幾乎每天都吃的菜式。特別是在冬天，湖北人習慣把瓦鍋放在房間取暖的煤爐上一直燉著，一來可以借用煤爐的熱力，二來起床時便有熱騰騰的燉湯作為早餐，一舉兩得。這種燉夜湯的習慣，直至今天仍在湖北承傳著，只是已改用電湯煲了。

武漢熱乾麵

湖北省簡稱「鄂」，湖北菜又稱為鄂菜。湖北省湖泊密佈，被譽為千湖之省，淡水魚資源豐富，所以鄂菜以烹調魚類為主，充滿江南水鄉特色。鄂西神農架的原始森林，出產各種植物和山珍野菌，更為鄂菜提供了優良的食材供應。

鄂菜歷史悠久，春秋戰國時期，湖北是楚國範圍，由於楚國興盛，鄂菜開始形成。漢魏六朝，隨著宮廷菜日趨講究，烹飪技術得到進一步提高。到了唐朝，以武昌、武漢、漢陽三鎮（今日都是武漢市）為中心的水陸交通位置優越，商貿發達，鄂菜逐漸形成風格，發展至今。

鄂菜清淡，講究鮮嫩柔滑，注重刀工火候，多採用蒸、炒、煮、煨、燒的技法，在湖北沔陽地區，更是「無菜不蒸」。武漢菜以烹調淡水魚為主，我曾在武漢吃過東湖全魚席，用上八種不同的魚，印象深刻。武漢人一年四季無煨湯不歡，著名的黃灣貢藕粉糯無比，蓮藕燉排骨湯是家家戶戶的至愛煨湯。

如果你去武漢旅行，由早餐到晚上，無論在酒店或街頭，一定會吃到一種拌麵，叫做熱乾麵。醬汁主要是醬油、芝麻醬、麻油、醋、辣椒油，再加上蒜頭和辣蘿蔔，麵是鹼水麵，趁熱拌和，呼呼地吃下去，就是武漢人一天生活的開始。

九頭鳥與九毛九

多年前在一場飯局中，有朋友說考慮到湖北武漢市投資一個項目，另外兩個朋友聽到後大叫不能去，因為湖北人被戲稱為九頭鳥，狡猾得很。九個頭的鳥，十八隻眼在空中盤旋，好厲害呀！

朋友跟著說：「天上九頭鳥，地下湖北佬；三個湖北佬，搞不過一個江西老表！」說起江西人，人稱九毛九，即是諷刺他們很「摳門」，孤寒小器，死硬到底。故事說有一個江西佬，做生意賺了大袋銀両，他背著沉重的銀両，來到河邊要過河。撐渡船的船家說過河要收一元，這是公價，江西佬還價五毛，船家不願意，江西佬說五毛五分，船家不理他，跟著江西佬一直磨蹭下去，還價到了九毛九，打死都不再增加了。艇家憋了一肚子氣，說：上來吧！江西佬洋洋得意，因為省了一分錢。船家把渡船撐到河中心，對江西佬說：九毛九就撐到這裡了，要不你就多付一分錢。江西佬二話不說，背起沉重的袋子，「撲通」一聲跳下水，向岸邊游去，結果就和銀兩一起沉落水底了。

我以前在北京吃過一間著名的湖北菜餐館，也叫做九頭鳥，蓮藕排骨湯做得不錯。當時不知道「九頭鳥」原來是貶意，但肯定是江湖傳聞的笑話。

2.5 雲貴

野菌火鍋

野生食用菌，生養在海拔一千五百米以上的無污染高原泥土上，

而且要待春夏雨後，才能自然生長出來。不少野生菌類至今仍然無法用人工培植，例如黑松露菌、松茸、干巴菌、雞樅菌等，產量仍然依靠人手上山尋覓、採摘野生菌，故此是非常珍貴的山珍。

雲南省的自然條件得天獨厚，是世界上食用野菌資源最豐富的地方。在約兩千種食用菌中，雲南就生長有八百多種，包括松茸、牛肝菌、干巴菌、雞樅菌、羊肚菌等。香港人喜歡吃法國菜和意大利菜，對野生黑松露和牛肝菌並不陌生，這兩種昂貴的野生食用菌，在歐洲的價格愈來愈昂貴；而雲南省每年向世界各地出口野生菌，售價比歐美和日本低很多，其中松茸更長期被日本商家以高價搶購。

每年六月中至九月，是雲南新鮮野生菌當造的季節。以前香港吃不到新鮮野菌，有的只是乾貨或鹽漬品，至二十多年前，有公司解決了冷凍及運輸問題，才有由雲南直運新鮮野菌來到香港。野菌採摘後，要用速凍技術快速降溫，保持菌體中心溫度低至攝氏負十八度，再包裝空運來港。

新鮮野菌在採摘及降溫後，其實菌體生命沒有停止，孢子一直在長，所以容易腐爛。空運來的新鮮野菌，最佳的食用時間是到貨後的一兩日內，存放溫度為攝氏三至五度。由採摘到端上餐桌，都是花費錢和心力的事，還要承擔損耗，所以吃新鮮野菌的價錢較貴，是有理由的。

昆明有一條街叫做「野菌一條街」，約有二、三十家大小餐館，全部是專門吃野菌的。在昆明吃野菌有兩種方法，一種是用野菌來做小菜或燉湯，另一種最普遍的是野菌火鍋。吃野菌火鍋的餐館，一進門就是一排陳列架，上面一籃籃各種新鮮野菌，客人先從野菌架中選好品種和份量，然後坐好，店員會問你還要點些什麼，比如加一隻斬件的走地雞或其他豆腐、蔬菜。火鍋裏面煮了上湯，先要放下一些天生可能帶有毒性的野菌，然後再下其他野菌，但不論任何野菌，只要煮上十分鐘就完全安全了。不過大家不用擔心，火鍋店的店員自動會提醒你。

酸湯火鍋

在貴州的侗寨、苗寨或貴陽，無論是婚禮、滿月、晚飯，無論是夏天或冬天，主菜都是一鍋酸湯火鍋，吃得你渾身發熱，出汗去濕，甚為舒暢，前提是你必須能吃辣。

貴州別稱「黔」，酸是貴州東南部飲食的特色，當地少數民族都喜歡吃酸，不管是苗族、侗族、布依族、仡佬族等，家家都有酸湯缸，戶戶都有酸菜罈。酸湯和酸菜是他們百菜之源，無酸不歡，還要加辣椒。我覺得黔菜辣的程度比四川菜還厲害，我們美食團中的老友們，有一半人吃得甚為興奮，有一半人則大叫太辣。

貴州少數民族的酸湯，最早期是用釀酒後的酒尾調製的，後來就用熱米湯自然發酵，不加任何醋酸，可用來烹調或直接飲用，據說有開胃助消化，解除疲勞的功效。苗家酸湯主要分兩種，傳統的白色酸湯是清米湯發酵而成，紅色的酸湯叫做毛酸湯，是用番茄、薑、糯米酒和辣椒發酵而成，通常是做酸湯魚或牛肉鍋。

我們曾遍遊侗寨、苗寨，吃了幾次味道不同的紅色酸湯，最美味的是酸湯牛肉鍋，生黃牛肉切成薄片，上面是椰汁和生油，放在酸湯中涮熟。回到貴陽，晚餐在朋友介紹的「黔八方」，三層高的菜館爆滿，整條街都彌漫著酸湯的香味。這家的酸湯多放了藿香，藿香是一種驅寒去濕的中藥香料，是酸湯香味的靈魂，襲面而來的藿香味，令人垂涎三尺。

侗族小香雞鍋

貴州的肇興侗寨，是全國最大的侗族村寨之一，被中國國家地理評為中國最美的六大鄉村古鎮。肇興的侗寨鼓樓，層層疊疊的頂樑柱拔地凌空，以防腐木鑿榫銜接，不用一口釘，古樸而有美感，數百年不腐不倒，已被載入健力士世界紀錄。侗寨鼓樓在古代是建寨的標誌，作用是族人的會議廳，凡寨中大事皆在此聚集商議；遇到火災或外敵入侵時，就會打響鼓樓的大鼓，警示全寨族人，平日則是老人們圍坐烤火，唱歌聊天的開放式堂館。

我們每年春秋二季，都會舉行美食團，這次桂林貴州之旅，安排在侗寨酒樓吃晚飯。一入廳房，菜已擺好，最顯眼的是枱中間一鍋熱氣騰騰的湯，湯中有一隻瘦小的雞，湯水清亮，原來此乃侗族名菜：野生天麻燉侗族土雞鍋。天寒地凍之際，大家坐下見熱湯即飲，每人只分得一小碗，誰知一飲之下，大家齊聲讚好，雞湯鮮美之程度，嘆為極品。

這一隻小香雞，是貴州侗族和苗族的土雞混種，皮薄骨細脂肪少，肉質細嫩，味道非常鮮美。我們這班愛好美食的香港人，都慨嘆在香港怎麼無法買到這種小香雞。

2.6 四川

川菜二十四味型

很多人以為川菜就是麻辣，這是一種誤解。川菜包括二十四種味型，分為三大類，第一類是麻辣味型，包括麻辣味、紅油味、椒麻味、家常味、椒鹽味、魚香味、陳皮味、怪味等；第二類是辛香味型，包括薑汁味、蒜泥味、芥末味、麻醬味、醬香味、五香味、煙香味、香糟味等；第三類是鹹鮮酸甜味型，包括鹹鮮味、甜香味、豉汁味、荔枝味、糖醋味等。

以前從事廚師工作的人，很多都沒有受過教育，但只要背熟這廿四種味型的調料成份，再憑經驗加以調整份量，誰都可以成為川菜廚師。這樣培養廚師，是巴蜀人千年的智慧，也是從古至今，為什麼川菜可以發揚光大，流行全國以至海外的一個重要原因。

麻辣味是川菜中最有代表性的味道，麻加上辣，味道醇濃，帶有鹹香，令舌尖感受到無比的刺激，又無比的享受。麻辣味的組成，主要由辣椒、花椒、鹽、醬油和酒配合而成。麻辣味中辣味的運用和輕重會因菜式而異，基本上是用乾辣椒、辣椒粉、紅油和郫縣豆瓣醬，而花椒則用花椒粒和花椒碎。

麻辣味應用廣泛，可以作為涼拌醬，也可以做熱菜，葷素皆宜，香港曾經很流行的重慶雞煲就是麻辣味。教你一個懶人方法，買兩隻豬耳，洗淨後氽水過冷河，再用水加鹽和薑片，煮一個半小時，取出切條，拌入一小包麻婆豆腐調味醬，就成為麻辣豬耳。當然，如果你怕現成醬料有味精，就自己調麻辣醬好了。

水煮牛肉

近年香港多了很多四川菜餐館，吃川菜就是要吃到大汗淋漓，點一道水煮牛肉或者水煮魚，加碗白米飯一起吃，那才叫做滿足。很多人都覺得奇怪，明明看到的是滿盤辣子紅油，這道菜為什麼叫做「水煮」，不是叫做「油煮」？

四川自貢市自古盛產井鹽。宋代採鹽滷，是用牛來拉動，牛老了或受傷了就要退役淘汰，於是鹽工們就將牛宰了，牛肉切片，放入鹽水中灼熟來吃，叫做「水煮牛肉」。後來，發展出在鹽水中加入花椒等香料來辟腥，慢慢便成了一道廣為流傳的美食。

到了明代，辣椒傳入中國，清初開始在四川廣為種植，川菜的麻辣味型應運而生。食肆為了迎合川人的口味，把水煮牛肉改為麻辣味，把煸炒過的蒜苗、芹菜、萵筍或大豆芽和粉條加郫縣豆瓣醬，盛在大碗中墊底；鍋中加水或湯煮沸，隨即把用水澱粉拌過的牛肉片放下快手撥散，再立即離火倒在大碗中，此時僅熟的牛肉片仍是水煮的。

接著就是把乾辣椒、辣椒碎和烘香的花椒等撒在牛肉上，燒熱大勺油和紅油淋上去。於是，見到的就是紅彤彤一大鍋油，但其實挾起來的牛肉，是穿過表面的紅油而出，把牛肉灼熟的仍然是水，由此發展出來的水煮魚也是同樣做法。

幾百年下來，現在的水煮牛肉已經與古代鹽工們的做法完全不同，只是為了保留歷史風味，仍然沿用「水煮牛肉」這個菜名。下次再吃這道菜，要記得這個來源啊！

夫妻肺片

川菜中的夫妻肺片家傳戶曉，這道菜的名字，源自上世紀四十年代，由郭朝華夫婦在成都開的「夫妻肺片」小店。

今日川菜的肺片，材料是牛頭皮、牛心、牛舌、牛肚、牛蹄皮和少量牛肉。早年的肺片真的有牛肺，但牛肺煮熟後顏色很黑，自肺片由小販轉入街舖後，就不再用牛肺，但約定俗成，仍然叫做「肺片」。

肺片原來的名字是「盆盆肉」，是清末民初時，成都街頭巷尾的百姓小吃，城中的回族人更是對它情有獨鍾。已故作家李劼人先生在小說《大波》中描述，一九二〇年前後，成都的皇城壩有很多賣盆盆肉的小檔，小販把廉價的牛頭皮和牛肺雜碎等下腳料洗淨，用滷水煮好，用麻辣調料拌得紅紅亮亮。由於牛肺體大而價廉，在盆盆肉中佔的比例高，所以叫做「肺片」，但牛頭皮才是盆中主角，切得薄薄的，半透明的膠質拌上紅油，滑脆香辣，的確勾人食慾。盆盆肉上插了很多雙筷子，一個小錢能挾兩片來吃，規矩是不能多挾，筷子也不能入口，挾完就插回盆上，吃得不夠，付錢再挾兩片。

有趣的是，正如李劼人先生所寫，街邊吃盆盆肉也叫做「兩頭望」，只因這盆美味的肺片，不只為貧苦大眾喜愛，也有不少斯文人及上等人喜歡吃，但他們生怕被熟人見到有欠體面，所以在盆中快快挾起還要兩頭望。後來成都的食店榮樂園把肺片做成冷盤，上等人從此不用在街邊兩頭望了。

蒜泥白肉

據資料記載，宋朝時期，宮廷已經有白肉這一道菜，但是並沒有說明是什麼肉。當時社會上吃的以羊肉為主，所以白肉有可能是羊肉。到了明代，宮廷的宴會就有了白煮豬肉，坊間也有白切肉的一道菜，估計其蘸料類似江浙的蒜泥白肉，只有蒜泥和麻油，而不是現在流行的川式麻辣醬汁。

到了清代，來自東三省的滿族人，叫白肉做「白胙」，用於宮廷祭祀，也是用水煮的，一般帶肥肉，不加調料。經過神靈賜福的白肉，祭祀後會分給親屬和大臣，是「分福」的意思。吃時也不能加調料，否則會被認為冒瀆神靈。據說在先秦時代，周天子也會賞賜胙肉給臣子，俗語說的「太公分豬肉」可能源於此。

晚清時期，傅崇矩寫的《成都通覽》中記載，白肉已在成都流行，菜式有蒜泥白肉、涼拌白肉、椿芽拌白肉等，還提供了白肉傳入四川的路線，就是北方—中原—江南—四川。四川的蒜泥白肉加了花椒、辣椒、紅油和紅醬油，成了我們現在常見的川式蒜泥白肉。無論白肉的吃法傳到哪裏，也無論是用豬的哪一個部位，但一定是帶肥的豬肉，這才叫做白肉。

生爆鹽煎肉

我年輕時不愛吃辣，嫁入陳家後改變了口味，跟著我家老陳，能吃得甚辣。三十多年來周遊各省，更開放了口味，也愛上了川菜，但最初的川菜啟蒙，還是當年的傅家家宴。

上世紀四十年代，內地大量文人移居香港，家翁特級校對有位老朋友叫傅鏡冰，是系出名門的四川才子，戰後避居香港，以寫稿為生。八十年代初，我曾跟家翁到傅家吃飯，傅伯母的回鍋肉真是令人念念不忘。回鍋肉是四川民間第一菜，當地人人會炒，但家家口味不同，鹹淡甜濃，各有所長。傅伯母的拿手菜還有白片肉（現在都叫蒜泥白肉了），肥瘦相間，切得薄薄的，旁邊放一小碟麻油蒜泥，不用蘸醬就能吃到肉的鮮味，和現在餐館撈了紅油味的蒜泥白肉完全不一樣。

「生爆鹽煎肉」是四川家常名菜，也是當年傅伯母的拿手好菜，承傳伯母的教導，這道菜選用半肥瘦的豬腿肉，切片後先用中小火白鑊生煎，再起熱油鑊旺火爆炒，配上蒜苗爆炒而成。味道的靈魂，就是四川著名的郫縣豆瓣醬，再加上潼川豆豉，顏色紅亮，味道稍辣而鮮香，最宜下飯。

一處鄉村一處味，有四川人說生爆鹽煎肉應該先爆後煎，而我家的做法是先煎後爆，白鑊煎出香噴噴的豬油，再落醬爆炒，保證滿屋生香，加碗白飯，說不出有多滿足。

宜賓芽菜扣肉

宜賓古為敘州府，直至今日敘府仍是宜賓的別稱。宜賓位置在四川省南面的長江邊，氣候宜人，物產豐富，以特產宜賓芽菜名揚全國。

如果擔擔麵沒有了宜賓芽菜，就像失去了靈魂，也就不正宗了。宜賓芽菜並不是我們常見的豆芽菜，而是四川四大醃菜之一，用芥菜的嫩芽（莖）切成幼條，經醃製、日曬、熬糖，加花椒、八角等，紮實後封入罎子中，醃製起碼一年而成。

宜賓芽菜的歷史並不長，它始於民國時期一九二一年，用當地小葉芥菜的嫩莖醃製，舊稱「敘府芽菜」。除了川菜之外，京菜、魯菜、雲南菜等都經常以宜賓芽菜入饌。

宜賓芽菜有條狀的，也有切成碎粒的碎米芽菜，用起來比較方便。用宜賓芽菜做扣肉，做法與廣東梅菜扣肉差不多，相比之下，廣東梅菜味道較為收斂，而宜賓芽菜香味更奔放，風味各有千秋。

重慶江湖菜

香港的川菜館子，從來不分成都川菜和重慶江湖菜。近二十年，香港人從能吃辣到流行吃辣，紅彤彤的重慶江湖菜成了川菜重要的組成部份，人們有一個被誤導的概念，以為川菜全是辣的。

在遼闊的巴蜀大地上，論飲食文化，以往只聞歷史悠久成都菜，相比起來，重慶菜的確是大器晚成。直到上世紀八十年代，中國改革開放，重慶餐飲市場一片欣欣向榮，這追求變革的狂野年代，也衝擊著傳統的味覺，大批不按章出牌的重慶江湖菜乘風氣而起。重慶津福的酸菜魚和歌樂山辣子雞，以家常為名，地域為標，創新為實，兩道菜迅速火紅起來，之後更衍生了形態和味道更霸道的重慶辣雞煲，在江湖之上橫行無忌。

重慶辣子雞流行了三十多年，大盤上菜，殷紅似火，未吃先聞香，努力撥椒尋雞。本應只用適量的乾辣椒就夠了，但重慶廚子非要十倍加之，還有重手的味精，這就是重慶江湖菜，非要吃出個口渴來，店家又可賣凍飲品了。

酸菜魚

酸菜魚，味道酸辣鮮香，不似水煮魚的勁味麻辣。近年不少人愛上了酸菜魚，連包裝的即食酸菜魚也大行其道。

酸菜魚源出重慶西部的江津，位於長江邊上得天獨厚的富饒之地，物產豐富，特產有米花糖、江津肉、江津白酒、江津泡酸菜和泡辣椒。用泡酸菜來煮長江鮮魚，絕對是最佳配搭。

酸菜魚的歷史可追溯到上世紀二十年代，有幾十年一直是江津漁夫的家常菜，好的漁獲賣給飯館，剩下的雜魚就加把酸菜大滾起來，既湯亦菜，開胃去濕。八十年代初，江津有位鄒姓廚師，拿手好戲就是做酸菜魚，大受食客歡迎。鄒廚師改良了做酸菜魚的技術，更制訂了酸菜魚的基本做法：第一步先製湯，把蒜頭用豬油過油，煸香酸菜，跟著加水大滾，加酒和胡椒粉，放入魚頭魚骨大滾，至出味後撈走；第二步是煮魚，把魚片抖散放入滾湯中，見魚片僅熟，挺捲起來時，立即撈到盆中，加鹽和胡椒碎；第三步滾油封口，用豬油炒香蒜米和泡椒（或乾辣椒），連油倒在魚片上封住魚湯，放上芫荽。這樣做的酸菜魚，魚片雪白嫩滑，湯汁濃郁，酸辣鮮香。

酸菜魚近三十年紅遍大江南北，也讓香港人認識了這道美食。各位下次吃酸菜魚，記得這是一道有故事的重慶江湖菜。

劍門關豆腐宴

豆腐起源於中國，自古受國人愛戴，無論貧富的人都會吃豆腐，菜式運用廣泛，所以被稱為「國菜」，很少聽到有人說拒絕吃豆腐，亦鮮有人對吃豆腐過敏。日本人也愛吃豆腐，應該是古代由中國傳過去的製作技術，但西餐中則少見用上豆腐。

豆腐在中式烹調中應用廣泛，品種有南豆腐、北豆腐、硬豆腐、嫩豆腐、水豆腐、凍豆腐、臭豆腐、油豆腐等；豆製品還有豆漿、豆腐泡、豆乾、乾絲、五香豆乾、百頁（千張）、腐皮、腐竹、素雞等等。豆腐及豆製品可做菜餚、小食、餃子餡及甜品，千變萬化。

宋代有不少飲食文獻，都提到豆腐的吃法，南宋朱熹說豆腐是西漢淮南王劉安發明的，成為後世普遍的說法。後來李時珍著《本草綱目》，也沿襲了這個說法。一九六〇年初，河南密縣（今新密市）出土了兩座東漢晚期古墓，石畫上的庖廚圖，描繪了一處豆腐作坊以及豆腐製作的工藝，可以想像墓主人應該甚愛吃豆腐，而且希望把工藝帶到來世。

前幾年的一個春天，我帶一班老友組成美食團去四川，由重慶的大足石刻開始，北上追尋盛開的梨花，沿著《三國志》所述諸葛亮六出祁山的路線，最後到達險峻的劍門關。劍門關街上有很多餐館，都標榜豆腐菜式。劍門關在群山之中，當地的水質很好，餐館菜式用的都是新鮮豆腐，不大用豆乾製品，豆腐的菜品很多，可稱為豆腐宴。

2.7 上海

上海粗炒

我母親是浙江紹興人，小時候，我和姐姐常常跟父母上江浙館子吃午飯，反而比較少上茶樓吃點心。記得在五、六十年代香港，凡是有江浙口音的人，都被叫做上海佬、上海婆，上海館子也一律叫做上海舖。

很懷念那個年代的上海舖，店舖的明檔擺滿了五香燻魚、油爆蝦、醉雞、鳳尾魚、鹽水毛豆、醬蹄、西芹豆乾、五香花生，林林總總任君選擇。媽媽和我們幾乎必吃的是油豆腐粉絲湯、嫩雞煨麵，還有上海粗炒。

我去過很多次上海，但似乎沒有吃過上海粗炒，近日與朋友提起，她立刻去問上海本地的朋友。原來上海的上海粗炒，在街坊小店就叫做炒麵，普及程度等於香港的豉油皇炒麵，因為上海炒麵只用粗麵不用幼麵，所以不會刻意叫做粗炒。香港人去上海通常住的是酒店，當然更是見不到上海粗炒。

其實做得好的上海粗炒，是半炆半炒的，不能像豉油皇炒麵那樣一路猛炒，否則全麥製的粗麵就會不入味，肉絲也不會嫩滑。

松子雞米

上海菜的歷史不算長，但特點是海納百川，吸納了各省各派的做法。例如松子雞米這道菜，是源自川菜中的「小煎雞米」，再結合上海人的口味發展出來的。

川菜中有稱為「小煎小炒」的烹調法，是平民百姓的菜式。小煎小炒其實是爆炒，要求快炒上菜，所以一要爐火旺、油溫高、夠鑊氣；二是所有材料事先不過油（走油），一定是生炒；三是最後一定要大火埋芡，迅速收汁，這就是川菜小煎小炒的特色。

由四川菜的「小煎雞米」到上海菜的「松子雞米」，少了四川泡椒和蒜苔，沒有了川味，但加入炒香的松子，多了一份江南的婉約清秀。另一個它的姐妹作是雞米豌豆，以豌豆（青豆）代替松子仁，也是上海家常小菜。松子仁含不飽和脂肪酸，有降低血脂，預防心血管病的功效；松子仁含豐富的維生素C，能軟化血管，延緩衰老，是健康有益的食物。

炒圈子

上海菜中的炒圈子，又名紅燒圈子，圈子即豬大腸。這道菜上桌時，因為豬腸是一圈圈的形狀，菜名由此而來。

炒圈子是上海本幫農家菜，傳統的上海飯店做炒圈子，是用煸草頭來拌碟，為豬腸提高了身價，增加了少許貴氣。沒有草頭的季節，就用西蘭花或小棠菜，這兩種菜都不會出水，免得因伴碟菜出水而搞砸了一碟精心製作的圈子。

炒圈子香腴酥爛，不膩不膩，堂而皇之進入大飯店酒家的菜牌，歷久不衰。其實按這道菜的做法，叫做紅燒圈子才是對的，因為豬腸有韌性，要先煮至酥爛，再作紅燒，光用炒怎麼都是不行的。但上海人做菜，炒和燒（炆）往往同時進行，由清末民初叫到現在，還是叫做炒圈子比較正宗。

很多朋友喜歡吃豬大腸，但在餐館裏吃就不放心，而且沒有哪一家做得好。我們吃豬大腸一定是自己動手做，我家請客，朋友們都要求吃豬大腸的菜式，因為平日吃不到，通常是廣東菜的大豆芽菜炒豬腸、豉汁甜酸菜炒豬腸，和上海菜的炒圈子。

豆瓣酥

蠶豆，是上海人經常用的食材，新鮮的帶莢蠶豆在春季上市，但冷藏的蠶豆肉在香港的南貨店四季都有售。上海人叫蠶豆肉做豆瓣，豆瓣醬就是用蠶豆作為原材料做的，但不會叫做蠶豆醬。

不少人小時候都吃過五香蠶豆，帶著豆莢，用牙「咔嚓」地咬開，裏面是香脆的蠶豆肉，口感有點硬，我不喜歡吃。香港很多人都不知道豆瓣酥這道上海菜，甚至有些人還以為它是個餅；也有不少人曾經吃過這道菜，知道很美味，但惋惜已久未再嚐，怕有日會在香港失傳了。豆瓣酥，也就是蠶豆酥，上海人這個「酥」，並不是指香港的叉燒酥、鳳梨酥的酥，而是形容這道菜的香軟鬆化。

豆瓣酥是把煮稔的蠶豆壓成豆泥，拌入切成小粒的雪菜梗，用碗盛起，放冰箱凍一個晚上就成。好處是可以預先做好，隨時拿出來上桌。傳統的老上海家常菜，只有小菜，沒有宴客大菜。「炒幾道小菜」是上海人的口頭禪，舊時上海大戶人家的姨太太為留住先生的心，出盡法寶，為免先生久等，就做兩三道拿手涼菜，先討好先生的胃。大戶人家的豆瓣酥是一道涼菜，也可以暖食，平民百姓的飯桌上就不會講究了。

上海的糟貨

上海是一個既古老又富傳奇色彩的城市，上海人生活得精緻考究，獨特的大城市文化，孕育出別具一格的上海菜，既不失傳統的鄉土風味，又海納百川，集江南幾省名菜之大成，成為中國菜的流派之一。

自上世紀三十年代開始，上海人興起了在夏天吃糟貨、喝小酒的風氣。當時上海南京路上的杜五房、杜六房，滬東、滬西的兩間狀元樓，還有淮海中路的老人和、西藏中路的馬永齋等，都是著名的糟貨店。但時移世易，也不知道今日這些名店還存在否。現在上海人夏天吃糟貨喝酒的習慣還是有的，特別是電視轉播奧運和足球賽的日子，一盤香味濃郁的糟貨，加上幾支凍啤酒，說不出有多愜意。

糟，就是釀酒時糧食發酵，取得酒液之後剩下來的渣滓，調製後作為調味料，稱為酒糟。中國各地自古都有釀酒坊，同時也產生了不同風味的酒糟。最常見的是紹興地區用糯米釀製黃酒剩下的酒糟，香味濃郁，酒精含量大約百分之八，將糟渣兌入黃酒，再次發酵產生一種更深層次的液體，稱為糟汁，便可製造各式的糟貨。

糟貨就是糟醉的食物，上海人把糟貨玩得百花齊放，包括糟雞、糟鴨、糟鵝、糟蟶子、糟黃魚、糟帶魚、糟茭白，糟豬舌、糟豬肚、糟豬尾、糟豬爪、糟鳳爪、糟素雞等等，據說有上百品種。去到上海的糟貨店，簡直令人目不暇給，垂涎三尺，樣樣都想買。

桂花酒釀丸子

酒釀，也叫做甜酒釀。中國南北很多省份的人都吃酒釀，特別是四川和華東地區，四川人叫它做醪醩；台灣人和客家人也吃酒釀，製造方法基本上相同。酒釀是有養生價值的發酵食品，具補氣活血的功效，最適合手足冰冷、血液循環不好的人食用，南方人會加入雞蛋來煮酒釀，是婦女產後的補品之一。近年網上還流傳酒釀煮蛋是豐胸食品，大受追捧，我雖不願置評，但吃酒釀有益，這是不爭的事實。

酒釀是用糯米飯加甜酒麴發酵而成，盒裝的酒釀在南貨店及大超市都有售，也可以在家自己製造，成本很低，做法簡單。把糯米洗淨，在冷水中浸三至八小時，時間取決於不同的季節，冬天要浸較長一些。待米粒浸至發脹，撈出，弄鬆後放入蒸鍋中蒸熟。然後用冷水沖至飯粒不粘，倒入大盆中，將甜酒麴碾成粉，均勻地撒入米飯中拌勻，四面壓實，中間留空位，表面再撒些甜酒麴，澆入凍開水，加蓋，發酵二十四小時即成。

酒釀丸子是外省菜中常見的甜品，上海人還會加桂花醬，成為桂花酒釀丸子。丸子即小湯圓，用糯米捏成，傳統上沒有餡料。把糯米丸子放入煮滾的水中，輕輕攪動灼熟，水再滾起時，加少許水，再煮兩分鐘左右就熟了。把一杯酒釀倒入，加糖調味，最後加一湯匙桂花醬，煮滾即成桂花酒釀丸子。不想自己做糯米丸子，可以買包裝有餡的上海湯丸來代替，叫做酒釀湯圓可也。

2.8 安徽

淡掃蛾眉說徽菜

如果要形容這天南地北的八大菜系，我會用百花齊放、精雕細琢來形容粵菜，就像一位灑脫自如的閨秀；而百菜百味的川菜，就是一位聰明潑辣的妹子；能幹自信的好媽媽，正好形容實實在在的魯菜；

蘇州菜的細膩，就像是一位知書識禮的小家碧玉；山海兼容、變化多端浙江菜，是見慣世面的小娘子；滋味鮮醇的閩菜，是純樸的農家女。而味兼南北、雅俗共賞的徽菜，就是一位淡掃蛾眉的少婦。

清康熙六年（一六六七），清政府把當時淮揚地區的江南省分拆為江蘇和安徽兩省，其中安徽省的名稱，源自安慶府和徽州府各取一字。安徽省內有一座皖山，古代曾有個古皖國，所以安徽省簡稱為「皖」，但安徽省的傳統菜系卻不稱為皖菜而是「徽菜」，這是因為徽菜的產生和發展，都離不開徽州商人當年盛極一時的歷史，安徽人到今天都引以為榮。

徽菜起源於南宋時期的徽州（今安徽歙縣），徽州人的營商之風自宋朝已經開始盛行，發展到明朝和清朝中期，更是雄霸中國商界，獨領風騷三百多年，被尊稱為徽商。由於徽商長期流通各省各地做生意，徽菜一方面保留了徽州地區的傳統風味，另一方面也帶來了其他省份的飲食文化，例如蘇州菜的醃菜和點心、浙江菜的火腿、湖北的湯菜、北方的麵食包子、西北的羊和香料、南方的米飯和東北的泡菜文化等等，形成了一種集大江南北之精粹，又自成一派的地方菜系。

敬亭綠雪

明清時期，是徽商的黃金時代，以經營錢莊、茶葉、木材和鹽為主。徽商為江南各地帶來了徽州的風味菜，以烹製山珍野味及講究食補為特色，明末至清乾隆年間，豪華的徽宴更盛行於揚州、蘇州、杭州、南京、武漢等大城市。

安徽物產豐富，特色食材有徽州三山（山雞、山龜、山牛）、徽州三石（石雞、石耳、石魚）、長江鰣魚、大閘蟹、巢湖銀魚、淮河肥王魚、沙地馬蹄鱉（甲魚），還有淮南八公山豆腐、太和椿芽等。徽菜最常用的烹調方法是煨燉、煮（燒）、湯氽、滑炒、生燻，口味較為清淡，崇尚保持原汁原味，又好以冰糖提鮮，鹹香中帶甜。

安徽又盛產茶葉，以茶入饌是徽菜的特色，著名的菜式有用茶葉煙燻製成的雲霧肉，以及名菜「敬亭綠雪」。敬亭綠雪是安徽省最早的名茶之一，屬烘青型綠茶，因其芽葉翠綠、白毫似雪而得名，明清時期曾為貢品茶葉。據《茶品大成》中記載：「敬亭綠雪，產於安徽省宣城縣敬亭山，茶品細嫩，有白毫處其上，不易多得。」把敬亭綠雪炸香入饌，用馬蹄絲（荸薺）相伴，口感香酥，茶香滿舌，是傳統的徽州甜菜。

2.9 江浙

生醃蟹

生醃蟹，中國古代稱為「蟹生」，在宋朝尤為流行。在南宋宮廷，每到立秋就有一個交秋典禮，當太史官向皇帝大聲稟奏「秋來」時，園中梧桐樹必須隨即飄下兩片黃葉，以示吉祥之兆，至於落葉是否人

工控制，也就不重要了。儀式之後，宮廷宴會的主題就是持螯（吃蟹）、酌酒、賞菊。杭州是南宋首都臨安，本就是河蟹與海蟹的大市場，由宮廷到民間，蟹類的菜餚有糟蟹、酒醬蟹、蟹羹、蟹釀橙、橙醋洗手蟹、炒蟹、糊齏蟹等等，其中不乏生醃蟹。

杭州和寧波等地都有做生醃蟹，主要有兩種做法，即鮮活生醃，及半生不熟的糟蟹。糟蟹的做法是以酒糟、鹽、花椒、酒、醋拌成糟泥，把整隻蟹洗淨埋入，封罈七天，蟹膏蟹肉鹹鮮醇香。現代人講求衛生，糟蟹已很少人做了。

吃生蟹則必須講求鮮活，可用不同的蟹種，包括河蟹、青膏蟹、梭子蟹等等，一般做法是把蟹宰淨斬件，用各家不同的醬汁浸泡一兩小時以至數天。寧波菜會用帶膏的鮮活梭子蟹，不需醃製，淋上混合醬油即可食用，感受海洋的原味；潮汕的生醃膏蟹，特色是用豉油魚露加入大量蒜頭，再加紅椒和芫荽。各地生蟹風味各異，都是令人食指大動，垂涎三尺的佳品。

醃篤鮮

近日街市和南貨店都有出售春筍，江南的冬天又濕又冷，一家人圍著吃飯，最窩心的就是來一鍋熱乎乎的醃篤鮮。醃篤鮮據說起源於清代，是我國江南傳統的開春名菜，流行的地區包括上海、江蘇、浙江，因此難以準確地說最早源自哪個地方。腌篤鮮在杭州又叫做「南肉春筍」，因為杭州人把鹹肉叫做「南肉」，有某名廚在報章專欄中說用金華火腿來做醃篤鮮，是張冠李戴。

醃篤鮮有三種主要材料：鹹肉、春筍、新鮮豬肉。清代著名文學家、美食家李漁在《閒情偶寄》中曰：「肉之肥者能甘，甘味入筍，則不見其甘，但覺味至鮮。」意思是認為煮筍必須配豬肉，而且是帶肥的豬肉，味道才會更鮮美。

每年農曆二、三月，正是春筍當造的季節，杭州天目山出產的竹筍嫩滑無渣，爽脆鮮甜，是春筍中之極品。杭州的鹹肉和金華火腿一樣，都是用金華兩頭烏的豬肉醃製而成，但肉的部位不同，金華火腿用的是豬後腿，鹹肉是用五花腩；金華火腿要醃製三年，而鹹肉的時間就短得多。

醃篤鮮這個名字其實並不古怪，十分直接清楚地表達了菜式的內容。「醃」代表鹹肉，「篤」是指這個湯菜要長時間用中小火炖煮，煮沸的湯面發出「篤、篤、篤」的聲音，就像廣東話說的「滾到卜卜聲」。「鮮」就是新鮮豬肉，再加上春筍、小棠菜這些時令新鮮蔬菜，就成了口味鹹鮮、湯白味濃、筍香鮮嫩、酥爛甘香的腌篤鮮。

寧波蝦醬蒸腩肉

在距今三千多年前的周朝，人們以動物的肉剁碎加鹽，經過發酵做成醬，釋出的氨基酸成為舌尖上的鮮味，這種醬稱為「醢」（粵音海），而在「醢」中加入動物的血，則稱為「醓」。《禮記》記載了周天子及貴族飲食中的八珍，宴席上的醯醢（醬）多達百種，醬放在米飯上吃，取其鮮味。

除了用肉類發酵作「醢」，沿海地區會用魚、蝦、蟹、蜆等海產釀造醬料，不少品種如蝦醬以及由魚醬演變出的魚露，一直流傳至今。

在我國沿海，只要有海產工業的地方，都會生產蝦醬，各地做法大同小異，口味略有不同。浙江省位於我國最東面的海邊，擁有很長的海岸線，海產非常豐富，寧波市是浙江最重要的漁港，蝦醬是寧波地區其中一種著名的土特產。

寧波蝦醬五花腩的做法，和廣東的鹹蝦蒸豬肉略有不同，特點是在蝦醬中加入鮮蝦蓉，令味道更鮮美，還在腩肉底放了豆腐泡吸收鹹香的蝦醬汁，更是一個很聰明的做法，保證幹掉大碗白米飯。

油燜春筍

竹筍是竹的幼芽，在春天破土而出的是「春筍」，冬季埋藏在土中的則是「冬筍」。每年農曆二、三月，江南春筍當造，春筍保持脆嫩的季節很短，過了春分才採就會開始變老，只適合製造筍乾。

廣東人說吃筍毒，其實不然，竹筍只有生在五嶺之南才帶濕毒，生在江南地區的竹筍，則具滋陰涼血、清熱化痰、利尿通便的功效。而香港市場上的竹筍，都是由安徽、浙江等地區來的。

杭州人吃筍，花樣甚多，有涼拌筍、油烤筍、醬燒筍、炒雪筍、蝦子春筍、青筍炒肉絲、炒筍衣，和名菜南肉春筍等等。杭州人很固執，吃筍講求不時不食、不鮮不食，春天吃春筍，夏秋吃鞭筍，深秋入冬吃冬筍。一道紅嫩爽甜的「油燜春筍」，把春筍炒得原汁原味的是杭州菜，炒得濃油赤醬的便是上海菜。

把春筍剝去大部份外殼，用刀沿著春筍的長邊把筍衣刈開，一層一層剝開到筍芯，還要把筍底部纖維較硬的部份切除，剩下嫩白如玉的筍尖。做一碟油燜春筍要用好幾個新鮮春筍，成本頗高，但還是非常值得的。

油燜春筍一般有兩種做法，一種是先炸再煸炒，然後加老抽（或醬油）、紅糖和水，燜至汁稠，加麻油上碟，一般餐館廚師會用這種做法：第二種是生炒，大火把筍炒熟，加老抽和紅糖再急炒至收汁，中途不加水不加蓋。

雪菜黃魚煨麵

黃花魚主要產於東海及東南沿岸，以浙江舟山漁場的野生東海黃魚最著名。野生黃魚生長期長，但味道非常鮮美，肉質緊致嫩滑，千百年來深受人們喜愛，因為長時期過度使用拖網圍捕，使黃魚一度瀕臨絕種。幸好從一九八五年開始，福建省建成大黃魚國家級水產種質資源保護區，為野生黃花魚的棲息及產卵提供保護。近年，福建沿岸建成不少高科技環保的大型深海設備，殖養大黃魚及小黃魚，放養環境盡量近似野生，從此市場上多了不少供應，所以近幾年街市常見到冰鮮的大小黃魚。

黃花魚腹部肉薄，不宜切破肚子，講究的廚師會用「壺抽法」處理，是一種不開膛破腹而清除魚內臟的方法。在魚的肛門橫切一刀，從口腔插入兩根筷子一直到肛門，夾住腸臟後用力旋轉一下使脫離腹腔，把腸臟從口腔拉出，再灌水清理腹腔。

杭州有一道著名的麵食，叫雪菜黃魚煨麵，湯頭鮮味無比。「上有天堂，下有蘇杭」，自古杭州是魚米之鄉，風調雨順，鮮美的食材隨手可得，杭州的包子和麵食更是全國聞名。杭州人吃麵條，講究的是配麵的湯和菜式。杭州得天獨厚，杭州人性格自得其樂，生活優哉游哉，他們會一絲不苟地炒一小盤菜，或者熬一小鍋湯，繁複多樣，就是為了吃一碗心滿意足的好麵。也只有杭州人有如此能耐，這種生活品味的神韻，非杭州人是無法心領神會的。

片兒川麵

杭州是一座歷史古城，它是唐末五代時吳越國的首府，更是經濟繁華、文化輝煌的南宋首都。杭州是京杭大運河的南方終點，最早的河道始於春秋時期，完成於隋代，以洛陽為中心，貫通中西南北五大水系。悠久的歷史沉澱，為杭州地區匯集了多姿多彩的南北文化。

杭州方言在不少名詞裏都會加個「兒」字，這是由北方傳過來的，並不是南方本身的語言習俗，傳統的北京話同樣也帶不少「兒」字。杭州話中帶「兒」字的，例如棒兒糖、顆兒糖、芡兒粉、貓兒朵、筒兒骨、踏兒哥、柯兒紙、豆兒鬼、門兒布等等，還有以下的片兒川。

片兒川是一道家常麵點，也是街頭小吃，做法很像簡化了香港的雪菜肉絲湯麵。片兒川以鮮筍片、豬肉片和雪裏蕻（雪菜）做湯麵的澆頭（即餸料），因傳統上這三種材料都是用水汆熟，而「汆」與「川」同音，所以杭州人稱這種傳統湯麵為片兒川。片兒川在杭州宴客菜中，是最常見的單尾主食，吃完豐富的杭幫菜，最後來一窩熱乎乎的片兒川麵，為宴會劃上完美句號。

蟹釀橙

G20 國際經濟合作論壇，一九九九年在德國柏林成立，每兩年舉行一次，二十國集團的成員國佔了全球八成五 GDP。二〇一六年金秋九月，杭州舉行 G20 第十一次領導人峰會，吸引了全球的目光。中國為舉辦這次峰會做足準備，杭州市作為主辦城市，更是力求完美，交出傾城之作。

九月四日晚，國家主席習近平夫婦在杭州西子賓館舉行國宴，招待各國領導人，菜式是費盡心思精選的杭幫菜。國宴中有一道不為人熟悉的「蟹釀橙」，引起了很多注意和議論。宋末元初周密所著的雜記《武林舊事》，憶述了南宋都城臨安（杭州）的歷史風貌，書中記載抗金名將張俊（岳飛的上司）以蟹釀橙獻給宋高宗，成為南宋時期的宮廷菜。

南宋文人林洪的名著《山家清供》，記載了蟹釀橙的做法：「橙大者，截頂，剜去穰，留少液，以蟹膏肉實其內。仍以枝頂覆之，入小甑，用酒、醋、水蒸熟。加苦酒入鹽供，既香而鮮。使人有新酒、菊花、香橙、螃蟹之興……」自 G20 國宴之後，更多人認識這道南宋名菜了。

從此之後，不少內地和香港餐館紛紛推出蟹釀橙，坊間有很多不同的版本，噱頭大於味道者居多，甚至做成沙律前菜也叫做蟹釀橙，辱了古人的智慧。

我參照《山家清供》的做法，寫在拙作《迴味杭州菜》中，改變者只是因為買不到香雪酒，改用了桂花陳酒。徒弟葉沖的沖菜私房菜，蟹釀橙是招牌菜式，他花了五年時間，做了好幾千個蟹釀橙，一天，橙告訴他：「我才是主角」，終於悟道了，沒有了靚橙，蟹肉什麼都不是。蟹釀橙的橙必須隨著橙的季節走，美國新奇士橙、澳洲橙輪著做到深秋，等到江西臍橙上場，全年只有它才最適合做蟹釀橙。三月之後沒有臍橙，只能又挑選其他橙，沒有靚貨的日子就寧願不做，這就是工匠精神。

醬瓜炒田雞

「雷峰夕照」是杭州標誌性的西湖十景之一，雷峰塔原為五代吳越王錢俶為慶祝寵妃黃氏誕子而建，故又名黃妃塔。雷峰塔命途多舛，本來的塔身在一九二四年倒塌，現在的雷峰塔是近年重建的，是中國第一座彩色銅雕寶塔。雷峰塔豎立西湖邊，風光綺麗，《白蛇傳》中白娘子與許仙淒美的愛情故事，千百年來吸引遊人無數。

杭州人喜歡吃蛤蟆（田雞），早在春秋時期已有文字記載。《白蛇傳》中捧打鴛鴦的法海和尚，就是蛤蟆精修煉成的，杭州人同情白娘子，所以要吃蛤蟆來懲罰法海。田雞在水中生長，水質如受污染，容易有寄生蟲，所以要用鹽水泡過洗淨才烹調。

醬瓜是餐桌上可口的小碟醬菜，可以用來做醬瓜炒毛豆、醬瓜炒杭椒、醬瓜炒肉，清代袁枚《隨園食單》中記載的「炒水雞」，即醬瓜炒田雞。瓶裝的醬瓜在上海南貨店或台灣食品店有售，味道鹹香中帶甜味，口感脆嫩，易於保存。

雞火乾絲

所謂「揚州三把刀」，菜刀、理髮刀、修腳刀，如果沒有揚州精湛的刀工，恐怕也不會有精緻的揚州菜，更不用說揚州乾絲了。揚州人愛吃燙乾絲，有道是：「揚州好，茶社客堪邀。加料千絲堆細縷，熟銅煙袋臥長苗，燒酒水晶肴。」這是清代惺庵居士《望江南》詞，描寫當年揚州人如何享受吃燙乾絲、抽煙、喝酒和吃肴肉。

揚州廚師以刀工細膩出名，一塊白豆乾，據說能夠橫片出二十四層厚薄平均的豆乾片，再切成比牙籤更細的乾絲，根根一樣粗細，煮不爛，理不亂。乾隆下江南時，揚州官員奉上「九絲湯」，材料除乾絲外，還包括火腿絲、筍絲、銀魚絲、木耳、口蘑、千張、腐乾、紫菜、蛋皮、青筍，或再加海參、魚翅、蟶乾。不過，因為配料太多，反而顯不出乾絲的雅淡貴氣。現代社會物產豐富，人們更是慢慢形成了材料越多越貴越好的習慣，盲目堆砌豪華。

揚州名菜雞火乾絲，也是大煮乾絲的一種，是用濃雞湯煮乾絲、雞絲和火腿絲。火腿鹹香，雞湯鮮濃，乾絲完全吸收這兩種鮮味，上菜時也可以放幾隻小蝦作為點綴。在家裏做這個菜，乾絲切得多幼細不要緊，主要是濃雞湯要熬好。

豆腐店的豆腐乾，因為豆腐中有氣孔，很難切成幼絲。香港的南貨店有賣正宗淮揚乾絲乾，密度高，沒有氣孔，較容易切成薄片和細絲，也有售用機器切好的冷凍乾絲，說不上精細，好處是方便成菜。

南通文蛤

江蘇省南通市是中國棉紡織造中心，世界上很多酒店的布草棉紡皆產自南通，還有一間可能是世界上規模最大的帽子工廠，附設帽子博物館，非常值得參觀。南通往返香港有直航機，也可以從上海坐車去，交通方便。

南通古稱通州，位置在上海的北面隔岸，是一片江海平原，平原上流淌的濠江是長江出海的支流之一。南通是南北交匯的魚米之鄉，江鮮河鮮皆豐富。南宋末年，詩人文天祥從南通渡江，寫下「春紅堆蟹子，晚白結鹽花」的詩句，表達對這片生機盎然的土地無限眷戀。

明清時期，南通屬淮揚府管治，菜式是通派淮揚菜，與揚州的淮揚菜同出一轍但風味不同。去南通必定要吃文蛤，文蛤是南通特產，自隋朝起即為貢品。蛤肉富含氨基酸及琥珀酸，味道鮮美，所以南通人稱文蛤為「天下第一鮮」，自古受帝王將相和文人墨客讚頌。唐代段成式在《酉陽雜俎》中記載「隋帝嗜蛤，所食必兼蛤味，數逾數千萬矣。」宋代歐陽修亦在詩中形容文蛤是雞豬魚蝦都不能媲美。

南通廚師擅長烹調文蛤，炒文蛤或文蛤蒸蛋都是南通名菜。文蛤肉極嫩，必須旺火急炒，驟熟即起，令鮮汁不會流出。文蛤蒸蛋更是考功夫，蛋液凝固而文蛤要僅熟，口感滑嫩，味道鮮美。

紹興霉干菜

首先聲明，我母親是紹興人，味蕾總帶了點浙江的情意結，不過如果你吃過香濃的紹興霉干菜，可能會對廣東梅菜的興趣稍為減少，因為那是另一個層次。

霉干菜，繁體字應該寫為霉乾菜，但現在「干」字這個寫法已全國通行，約定俗成，多簡稱為干菜。上海人把霉干菜又叫做梅干菜，街邊的梅干菜包子是我的早餐至愛，可惜近年很難找到了。

浙江省紹興市是霉干菜的發源地，據說始於古越國，已有兩千多年的歷史。春秋時代吳越爭霸，越王勾踐入吳為奴，十年忍辱，回到越國後立誓一報國恥，舉國上下同仇敵愾，節衣縮食，終成霸業。越國在這段期間，推行用鹽醃製食品，一為備戰，二為防災防饑。於是人們把蔬菜做成霉干菜，把筍做成筍乾，把魚做成魚鮝（魚乾），把雞做成臘雞。時至今日，紹興菜對我來說，仍然是偏鹹的。

霉干菜香味濃郁、鹹鮮開胃，有用芥菜、白菜、油菜來醃製，以芥菜中的雪裏蕻來做紹興霉干菜，是最佳的選擇。紹興家家戶戶都會醃霉干菜，傳承千年，口味各家各法，送禮也是以自家製霉干菜最有心意。

用霉干菜做的菜式很多，小菜有干菜煮花生、筍煮干菜毛豆、干菜煮蘿蔔；大菜有據說是乾隆愛吃的霉干菜鴨子。周恩來總理是紹興人，出生在淮安，他最愛吃就是家鄉的霉干菜紅燒肉和蝦仁干菜湯。

紹興糟雞

說到浙江紹興，無人不識紹興酒，香味甘醇，可淨飲亦可烹調菜餚。酒糟是釀製紹興酒的副產品，紹興黃酒以冬釀為主，酒糟也產於冬季，也是醃製糟貨的季節。製作糟貨是紹興民間的一大絕活，並流傳到整個華東地區，特別是在上海，糟雞、糟毛豆、糟肉、糟豬肚已成為上海菜的特色。

糟雞是浙江紹興民間的傳統菜餚，地位相等於廣東的白切雞，糟雞和醬鴨是紹興酒樓食肆必備的頭牌前菜。據說糟雞是紹興人節儉的智慧，以前老百姓一般在過農曆年才會吃雞，紹興主婦持家有道，吃團年飯時趁著吃新鮮白斬雞的機會，把雞留下半隻，用酒糟和鹽醃，幾天後就可換個口味吃糟雞。糟雞酒味比醉雞柔和，老少咸宜，在沒有雪櫃的年代，不失為有效的保鮮方法。

糟汁的簡易製法，就是去南貨店買包裝的香糟，泥狀的香糟加水和薑蔥煮三十分鐘，經沉澱過濾後成為澄清的香糟汁，再加鹽和糖調味，便可用來做糟雞或其他糟貨。香糟汁可以循環再用一次。

糯米紅棗

香港人的飲食習慣普遍受西方影響，席間把鹹甜分開吃，一定是吃完飯菜，放下筷子之後再上甜品。記得在七十年代末，那時中國內地剛剛開放，我們與老陳父母一起到成都旅行，席上就有甜燒白和八寶飯與其他菜式一起上。除了見多識廣的家翁外，我們都不大習慣，結果還是堅持在最後才吃這兩道甜菜，回想起來，覺得自己當時真的很老土。

傳統的潮州筵席最特別，設有兩道甜菜，放在開頭和結尾，分別是清甜的「頭甜」和濃甜的「押尾甜」，喻意從頭甜到尾。不過，香港的潮州菜酒家從來只設「押尾甜」。

糯米紅棗是江浙名菜，但當地人並不把它視為飯後甜品，而是作為前菜，或在筵席中段與其他菜餚同時端上。到上海杭州等地上館子，可別堅持把這道菜當為飯後甜品。

紅棗的營養成份高，具有擴張血管、改善貧血及血液循環的功效。糯米也叫江米，但這是否與盛產糯米的江蘇省有關，就無從查證了。糯米含豐富的蛋白質和鈣質，健脾益胃，補中益氣。糯米加上紅棗，肯定是營養豐富、老少咸宜的家庭食品。

南京鹽水鴨

南京是我國六大古都之一，春秋時代，南京（建安）和蘇州（姑蘇）同屬吳國，兩地菜式風味類同，但又各自發展。歷史上，南京也曾歸入楚國，即今湖北省一帶，受其影響，南京菜口味沒有蘇州菜那麼甜，更著重的是鹹淡適中，醇厚而不膩。

南京人的飲食離不開鴨子，城中大街小巷都有賣鴨子的食店，由小販到超市，由街頭到大酒家都在賣鴨子，南京板鴨、鹽水鴨、醬鴨、燒鴨，以及各種鴨血、鴨內臟，款式之多，令人目不暇給。這都要歸功於江蘇省水道縱橫，河塘滿佈，自古就是養鴨子的好地方，特別是南京郊區的江寧縣，所生產的鴨子肉質肥美嫩滑，是南京人首選。

南京鹽水鴨先醃後煮，鴨肉油潤光亮，味道甘腴鹹香，肉質細嫩，是下酒的好菜式。真空包裝的鹽水鴨也是南京著名的旅遊手信。

無錫脆鱔

蘇錫風味以蘇州和無錫為中心，區域包括太湖、陽澄湖和鬲湖，水產非常豐富。蘇錫風味的代表作有：松鼠鱖魚、碧螺蝦仁、雪花蟹斗、雞蓉蛋、叫化雞等菜式，濃淡相宜，清雅脫俗，而太湖船菜更別具風韻。上世紀七十年代，還未當上英國首相的戴卓爾夫人曾到中國一遊，嘗過蘇錫船菜，大為讚賞，認為是最好吃的中菜。

無錫脆鱔又名梁溪脆鱔，香港人多不認識梁溪，故稱之為無錫脆鱔。這本來是太湖遊船上的船菜，始創於太平天國年間，至今已有百多年歷史。在無錫城西有一條流經市區的小河，東接京杭大運河，西接太湖，相傳東漢名人梁鴻曾在此居住，所以又名梁溪。梁溪裏生長的一種野生小鱔魚叫「秤杆鱔」，而無錫的遊湖船由梁溪駛入太湖，船菜中的必備小食就是「炸脆鱔」，醬汁帶甜味，佐茶佐酒皆適宜，很受遊客歡迎，聲名遠播，稱為「梁溪脆鱔」。

清末民初，梁溪脆鱔上了岸，無錫的菜館也改良了這道菜的做法，使脆鱔更加酥脆香口，於是名聲日隆，吃法也多元化起來。近年在江南美食旅遊所見，有梁溪脆鱔更疊成寶塔形，綴上幼薑絲和蔥白絲，形象更佳。

2.10 京魯

歷史悠久說魯菜

山東魯菜為八大菜系之首，古時是「北食」的代表。魯菜起源於春秋戰國，到了唐宋時期已完全形成，是中國所有菜系中歷史最為久遠的。魯國和齊國都位於今天的山東省，靠山面海的齊國物產豐富，為飲食文化發展提供了優良的條件。齊桓公不但成就了霸業，他的大臣易牙，是善和五味的名廚。

春秋時期的魯菜，無論在選材、烹調、食器、禮儀等方面已經非常講究，而且注重衛生、追求擺設和刀工的藝術性。孔子曰「食不厭精、膾不厭細」，論飲食方面的文明程度，魯菜為當時全國之冠。

秦漢時期，山東的經濟更是空前鼎盛，飲食趨向奢華，烹調技術的多元化得到了飛躍性的發展。北魏賈思勰在著作《齊民要術》中，

對山東地區的烹調技巧作出了全面的總結，詳細闡述了煎、炒、燒、溜、烤、蒸、腌、臘、燉、糟等技巧，反映了當時魯菜的高超技術。

山東地處黃河出海，海岸線很長，盛產海鮮，所以魯菜以烹海鮮聞名。魯菜最重視清湯，是菜式和羹的靈魂，湯色奶白，鮮味香濃，魯菜清湯的出現比粵菜中的高湯早了千多年。

魯菜進入宮庭，是在明朝。隆慶年間，山東福山人郭宗皋被起用為南京兵部尚書，由於吃不慣南方食物，他帶來了兩位魯菜廚師做家廚。有一次他把家廚推薦給宮裏，為一位妃子做壽宴，壽宴的菜品贏得了皇帝和文武百官的稱讚。從此山東廚師大量進入宮廷成為御廚，魯菜名聲大噪，在京城以及北方各地廣泛流傳，並漸漸發展成京菜。所以京菜的基礎，仍是魯菜，魯菜中的烤填鴨，成了今天著名的北京烤鴨。

魯菜一個重要派系是孔府菜，由於儒家學說對中國思想文化的深刻影響，使歷代帝王和權貴名流都成了孔府的客人，孔氏本來在漢朝只是清貧的文人之家，到了宋朝已是具規模的貴族府第，門庭若市，賓客如雲。幾百年來，孔府竭盡所能接待這些絡繹不絕的貴客，形成各種餐飲規格，逐步發展出豐盛的孔府菜。孔府菜講究刀工火候，著重調味，著名的菜式有蟹黃魚翅、金銀海參、魚唇扒魚皮、鴨膀扒乾貝、雞鬆、扒甲魚裙邊、瓊漿燕窩、神仙鴨子、芙蓉乾貝、燴銀耳等等。

京菜的「爆」

京菜是香港人喜歡吃的外省菜之一，其主要菜式都源自山東魯菜，再加上涮羊肉和滿族小食點心，稱為北京菜。京魯菜的烹調有五十多種技法，也是承傳自歷史悠久的魯菜，其中最特別的是七種不同的「爆」法，就讓我來逐一介紹一下。

油爆：配料用京蔥末、蒜頭片、黃酒、醋、鹽、清湯等。做法是將材料先出水再炸至八成熟，加上配料大火爆炒，用菱粉（木薯粉）埋芡而成。菜式例如油爆雙脆、油爆魷魚。

鹽爆：用的材料、配料和做法，與油爆大致相同，但不會埋芡，口味較清新。菜式例如鹽爆雞肫。

芫爆：與鹽爆做法相同，特點是只以芫荽為配料，並加入胡椒粉調味。菜式例如芫爆三樣。

蔥爆：把材料拌入京蔥、醬油、麻油、黃酒，大火燒熱豬油，加蒜蓉把材料爆熟。菜式如蔥爆羊肉。

醬爆：配料用黃麵醬、雞蛋白、菱粉、黃酒、糖、麻油等。把材料放入蛋白和濕粉的糊中上漿，放入溫油中拉油至七成熟取出。用小火把黃麵醬、糖、黃酒、麻油推成汁，把材料放入，大火翻炒即成，口感軟嫩有醬味。菜式例如醬爆雞丁、醬爆肉絲。

湯爆：將材料氽水燙至半熟取出，放在大碗中，放上熟青椒末、鹽和黃酒，用滾熱的雞湯沖入燙熟。菜式例如湯爆肚片。

水爆：基本上與湯爆相同，但大碗中放京蔥末、蒜蓉、麻油、醬油和辣油，用滾水沖燙而成，再加上芫茜碎。菜式例如水爆蝦仁。

北京烤鴨

現時香港的大小中菜餐館，做北京烤鴨的多到氾濫。北京烤鴨本來是京魯菜館的標誌性菜式，現在連大小粵菜和江浙菜餐館都有這道菜，而且有些價錢甚平。北京烤鴨曾是明清兩代宮中宴會必備的佳餚，流傳了好幾百年，舊時王謝堂前燕，飛入尋常百姓家，北京烤鴨在香港淪落到飯店的晚飯套餐去了。

至於北京烤鴨的由來，主要有三種說法。第一種是北京人的說法，相傳八百多年前，金朝建都北京，當時北京並未成為繁華城市，一片山野丘陵和溪流，風景優美。由於水草豐美，生長著很多肥美的野鴨，也有不少農夫在田野間養鴨。金朝的女真人擅長狩獵，經常打鴨子做燒烤，後來御廚把烤鴨改良了味料和烤炙過程，成為今日的北京烤鴨。

第二種是杭州人的說法，早在公元四百多年南北朝的《食珍錄》中，已有「炙鴨」的記載，到南宋建都臨安（杭州），據說烤鴨已經是民間美食。後來元軍攻入臨安，俘虜了一批名廚到大都（北京），烤鴨技術也就傳到了北京。

第三種說法，是明朝初期建都南京，南京地區的湖泊盛產湖鴨，主要以山東人掌勺的御膳房也研製出不少鴨的菜式，包括香酥鴨、鹽水鴨、板鴨、烤鴨等等，大多數鴨饌流傳至今。後來明成祖遷都北京，御廚們把做法帶到京城，再傳到民間，其中烤鴨最受北京人歡迎，故名為北京烤鴨。新中國成立後，北京烤鴨更名揚四海。

涮羊肉

北京冬季寒冷，涮羊肉是北京人最愛的美食，我等外鄉人也覺得在北京涮羊肉最為正宗，其實那是寒風凜凜下，滿屋羊肉味和暖暖煙火味，氣氛特別好。

涮羊肉又稱羊肉火鍋，自清初滿族人入關後興起。十八世紀康熙、乾隆二帝舉行的幾次大規模「千叟宴」中，就有羊肉火鍋，後來流傳到民間，經營涮羊肉的都是清真館子。

正宗的涮羊肉與打邊爐火鍋不同，涮羊肉就是吃羊，不會加海鮮或肥牛。羊腿肉壓成的羊卷肉切薄片是主角，配有羊腰、羊百頁、凍豆腐、粉絲和大白菜，還有燙熱的麻醬火燒（燒餅）。蘸料有醬油、芝麻醬、韭菜花、黃酒、蝦油、麻油、辣油、蔥和芫荽，貴客自取。挾羊肉片放入沸湯中，一涮即熟，蘸醬料可食。

北京的東來順，於清光緒二十九年（一九〇三）開業，原是王府井大街東安市場的回民食攤，一九一四年改名為「東來順羊肉館」，主打涮羊肉，至今已有百多年歷史。東來順是國內最著名的涮羊肉館子，每天門庭若市，客人甫坐下，服務員就會直接問你吃多少斤羊肉，還可配清真羊肉爆炒小菜和羊雜湯，不吃羊肉者就無謂進來了。

大鹵麵

大鹵麵，本來稱為打鹵麵，「打」字是形容把材料加重芡，煮成稠稠的一鍋。大鹵麵的「鹵」字是正體，平時常見的「滷」字，是因為用鹵水鹵製食物，衍生出「三點水」的通俗寫法。

除了講粵語的廣東、廣西省之外，「鹵」字其實不單指鹵水食物，一碗麵上面放的菜肉配料加湯汁，也叫做鹵。例如番茄蛋花麵，麵是主角，番茄和蛋是鹵。

大鹵麵流行於北京、天津、河北和東北三省，在舊時的北京城也叫做炒菜麵，是宴席的「單尾」，熱乎乎一大碗，保證客人吃得飽。

大鹵麵源於山東，是山東最普遍的麵食，但它說不上是一道魯菜，而是家常麵食，普及於麵館麵檔。人們由早餐到午都吃大鹵麵，賣餃子的山東館子多數都會賣。

大鹵麵的鹵，即麵上的澆頭，用的食材配料沒有一定的規矩，可以說是家中有什麼材料就放什麼，多放少放、切絲切片都無所謂，不過豬肉和木耳是一定有的，但我從未見過有其他牛羊肉的大鹵麵。

二鬆筍桃仁

常常聽朋友說到哪裏試新菜，我卻反潮流而行，喜歡發掘一些經典菜式。我們近年吃京菜，為的不是吃北京填鴨，而是一道遲早必會失傳的菜。

以前香港的京菜館，老闆和廚師都是山東人，他們為香港帶來了北京填鴨、蔥油餅、蒸鰣魚、蔥燒海參、豌豆黃等菜式。還有一味「二鬆筍桃仁」，六、七十年代在香港幾間京菜館都有售，其中包括鹿鳴春和樂宮樓，以及一九七八年開張的星光行北京樓。

二鬆筍桃仁是歷史過百年的御廚京菜，很多香港人都沒有吃過，現在就算到山東濟南市和北京的餐館吃飯，也很難找到這道菜。上層的二鬆，是炸瑤柱絲和雪菜絲，中層是炸筍塊，最底層是琥珀核桃仁。四種完全不同類的材料，用的是四種不同的油溫和炸法。最考廚師功力的是炸雪菜絲，雪菜出水後瀝乾，用工具拉刈成絲，大鑊油猛火炸，用筷子急速打散，炸脆即起，瀝油，鬆鬆地堆放在琥珀核桃仁和炸筍塊上，灑上糖及炸瑤柱絲。立即上桌後還要快快吃，否則會出油。

隨著上兩代的廚師逐漸退休，加上老牌北京菜館相繼結業，這道二鬆筍桃仁幾乎被遺忘了。我家三代人包括外孫女，都很喜歡吃這道菜，每次她們暑假回港，都會到星光行北京樓去吃。以前中環歷山北京樓還有這道菜，現在不知道還有沒有。相信不久之後，這道菜將會在香港消失。以免向隅，建議大家去試試。

2.11 大西北

寧夏灘羊

如果你不喜歡吃羊，請考慮不要去新疆旅行，因為每餐都有羊，地位就像我們南方中菜以豬肉為主要肉食一樣。整個大西北，包括寧夏、陝西、青海幾省都是以吃羊為主，大城市如銀川和西安，滿街都是羊肉包子、羊肉泡饃、羊肉夾餅、羊肉燴麵，一到晚上，烤羊肉串的味道幾乎瀰漫了各個大街小巷。

西北地區的羊種類很多，都是毛肉兼用的，宰羊後第一件事就是剝皮，羊皮佔一頭羊的價值很重比例，不能破損，然後才分割羊體。中國西北的羊當中，我覺得最好吃的是寧夏銀川的灘羊，其次是新疆烏魯木齊的哈薩克羊，以及阿勒泰地區肉質細嫩的大尾羊。

灘羊是西北地區一個羊的品種，並非寧夏獨有，但以寧夏賀蘭山腳至北面內蒙古阿拉善盟出產的灘羊品質最好。去銀川旅行，一定不能錯過吃灘羊的手抓羊肉和涮羊肉，肉質鬆軟，味道鮮甜，絕對是中外羊種之冠。

賀蘭山位於寧夏與內蒙古的交界，像一座巨型屏風，東西橫斷二百多公里，每一次讀岳飛《滿江紅》中「駕長車，踏破賀蘭山缺」，胸中總是充滿了激盪的情懷。賀蘭山南面是寧夏銀川市，往北是內蒙古的阿拉善盟。「盟」是內蒙古自治區下的一個地級行政單位，盟下設有市、旗（縣）、蘇木（鎮）等。從銀川市區出發，一個小時便到賀蘭山腳，再由兩峰間的公路穿過，便進入了內蒙古。沿途一片荒漠，牧羊人就在荒漠石灘上放羊，這與新西蘭的養羊環境有著天淵之別。但是，在惡劣環境中掙扎求存長大的灘羊，羊肉竟然是最美味的，因為這裏的石灘荒漠有兩百多種野生藥材，內含豐富微元素，吃藥材長大的羊特別滋補美味。

從賀蘭山往北車行約一小時，便到了阿拉善左旗，我們在一個大蒙古包內吃羊，一張長長的矮桌子圍著矮凳，每人前面放一把利刀和一個碗，沒有筷子。主菜是清水煮灘羊，只加了鹽、胡椒和草果來煮，全羊用大木盤盛著端上，羊身上面放著羊尾巴，旁邊放著用這一隻羊的血灌的血腸，大家一起用刀割肉吃，這就是真正的蒙古手抓羊肉。

我在過去這二十多年來嘗過中國北方的羊之後，覺得中國羊肉味道勝過澳洲和新西蘭，據說原因是澳洲、新西蘭的氣候好，水草豐盛，但草的品種比較單一，養出來的羊，味道反而不及荒漠區放養，吃雜草和耐寒的羊肉鮮美。更重要的是，很多人不吃羊是怕羊肉的膻味，但如果羊吃的水草地鹽鹼成份較重，羊肉不僅不會有膻味，而且肉味會更鮮美，這就是大西北羊肉的特點。

肚包肉

去新疆旅行，晚餐中有一個菜式是肚包肉，我們一桌子香港來的遊客，看到這一包包的東西，多數人下箸都感到遲疑，不知道它是什麼肚包什麼肉。不只我們這些遠方遊客不知道，廣州來的領隊也說不出個所以然。

當時我吃了一小塊，回來查資料，原來肚包肉是新疆著名的古法菜式，據說和田地區的羊肚包肉埋在沙子中燜烤出來，是最正宗的肚包肉。新疆肚包肉近年因媒體的宣傳而揚名，頗為風行起來，在餐館和路邊檔都有售。

我們可以想像，對古代的狩獵民族來說，捕到野羊野牛，用火烤熟是最簡單的吃法。石頭和沙子就是加熱的爐具，鍋具欠奉，為了保存汁水，利用獵物的胃包著煮，是個聰明的方法。

其實中原人在魏晉時期就有類似的肚包肉菜式，在《齊民要述》中稱為「胡炮肉」。現在流行於廣東、廣西等地的豬肚包雞，也出自同類的思維，只是南方人少吃羊胃（肚）才大驚小怪。新疆肚包肉，作為有一個國際胃的香港人，有機會倒是可以試試。

據說北疆的哈薩克族人做肚包肉，會在切碎的羊肉中加入羊肝、洋蔥及一些香料，用羊肚包成蘋果大小煮熟，再一切開二上桌，這就是我們在烏魯木齊的餐廳吃到的那種。因為碎羊肉加了洋蔥和香料作為餡料，味道不擅，但也無驚喜，不過就需要一副好牙來撕咬外面的羊肚，恕我有心無力了。

新疆水果和果仁

毫無疑問，新疆是水果的天堂。吐魯番盆地的大粒青葡萄，味道和個子不輸日本青提子，還有遠近馳名的哈密瓜、無處不在的西瓜、甜美的和田棗，我們旅行時每餐飯前後都吃水果，好吃到無法忍口。

吐魯番是中國最大的葡萄產區和葡萄乾集散地，年產量佔全國兩成，葡萄乾更佔全國八成七及全世界百分之七以上。去吐魯番，沿途會見到家家戶戶的屋頂都有一個用磚頭建的方形鏤空房子，那就是葡萄乾晾房，可見這裏由民間到工廠都在種葡萄和生產葡萄乾。大多數人都以為葡萄乾是曬出來的，原來只有紅褐色的葡萄乾是直接曬出來的，更多的是經過三、四十天自然陰乾而成，特別是綠色的葡萄乾。

臨回港那天，我們去了烏魯木齊二道橋大巴扎，室內和街道上的商店全部都賣新疆土特產，我們的目標是購買葡萄乾和果仁。大桶大桶的葡萄乾和果仁，品種之多目不暇給，光是葡萄乾起碼就有八至十個品種，紅的綠的大的小的長的圓的，還有黑加侖子果乾和無花果乾，真是大開眼界。

新疆出產的果仁品種很多，有大大粒的腰果、夏威夷果仁、香榧子、核桃等數之不盡或未嘗過的堅果，絕大部份都是不加味的新炒貨，每公斤價錢約由人民幣五十元至百多元。我們試食後心思思每種都想買，只恨自己行李位有限，有團友說回到香港與兒孫分享，立刻後悔買少了。

第三章

趣聞逸事

巴解煮蟲成佳餚，陽澄蟹香譽千秋

有人問，誰是最早懂得吃蟹的人？在陽澄湖東岸的昆山，流傳著一個民間傳說。江南一帶自古是魚米之鄉，距今七千年前浙江余姚的河姆渡文化，證明當時長江下游已經有人工種植水稻。但是，這片土地雨量充沛，位處低窪，經常有水患，從陽澄湖中爬出很多甲殼動物，八足雙螯，口吐泡沫，形狀兇惡，橫行無道，對沿岸水稻破壞很大，還用雙螯夾得人血肉淋漓，人們都很害怕，叫它們做「夾人蟲」。

後來，大禹到江南治水，派巴解到陽澄湖，帶領民眾疏通河道。晚上民工在岸邊紮營休息，剛點起火堆，黑壓壓一大片的夾人蟲就爬上岸來了，民工們負傷奮力抵擋，雙方打鬥到天亮。第二天巴解想出一個辦法，叫人在湖邊挖一道深坑，再煮沸水灌入坑中，晚上夾人蟲又爬上岸，跌入滾水中被燙死。

燙死後的夾人蟲全身通紅，竟然有一種鮮香。巴解很好奇，便掰開一隻殼來看看，裏面香噴噴的，引人食慾。巴解大著膽子一試，發現美味無比，便叫大家來吃，民工們見巴解吃得津津有味，也就大吃起來。為了紀念這天下第一個吃夾人蟲的人，人們在巴解的解字下面加個蟲（虫）字，便是「蟹」字的由來。陽澄湖的蟹也從此名揚天下，成為家傳戶曉的美食。

江南的湖蟹俗稱大閘蟹，產於江河湖泊之中。在春秋戰國時代，江南人未識吃蟹，據《國語．越語下》中記載，越王勾踐問范蠡：「今其稻蟹不遺種，其可乎？」意思是吳國的蟹氾濫成災，連稻種都吃掉了，現在是討伐吳國的時機嗎？可見那時人們仍未識蟹之美味，蟹才得以過度繁殖。到了清朝，仍然只有窮人才吃湖蟹，當時淮河兩岸的莊稼又遇蟹災，百姓求助於州官，有個紹興師爺向州官提議，鼓勵百姓捉蟹上交官府，然後備多個大缸，用鹽和紹興酒把蟹醃了，運到外地去賣，據說這就是紹興醉蟹的起源。

古人少吃江河湖蟹，其中一個原因是中醫認為蟹性寒涼，不宜多吃。後來發展出以紹興老酒（花雕、女兒紅）相配吃蟹，溫寒相抵，這也是源於紹興地區的習慣。至於在紹興酒中放話梅，是台灣傳來的喝法，若是上好紹興老酒，就不必放話梅了。

杞人憂天終成笑，藥膳暖胃化心愁

清代詩人邵長蘅有詩曰：「縱令消息未必真，杞人憂天獨苦辛」，杞人憂天這句成語就這樣流傳下來了。很多人都懂得這句成語，但多數人不知道什麼是杞人。

杞人即杞國的人，歷史上真有一個杞國，約公元前十六世紀，商湯滅夏之後，封夏禹的後代於今日河南杞縣，是為杞國之始。後來杞國為了避禍，多次遷都，最後遷到山東安丘東北，終於在公元前四四五年被楚國滅了。

《列子》中也記載曰：「杞國有人，憂天地崩墜，身亡所寄，廢寢食者。」那位杞人日夜擔心天會塌下來，憂心到廢寢忘餐，心情煩悶，感覺快要死了。幸好他有個朋友，知道這事之後，把杞人請了回家，苦口婆心一番勸說，杞人仍然不為所動，繼續憂心忡忡。朋友於是出絕招，把杞人留了下來，每日用冰糖、杞子、紅棗、黑豆、銀耳等材料燉豬肘子給他吃，杞人吃了一段日子，心病竟然痊癒了。這道菜，就是河南的傳統名菜「杞憂烘皮肘」，去鄭州旅行可以一嘗。

醫食同源，是中國飲食文化幾千年來的特點之一。醫好杞人的，其實不是豬肘子，而是補肝護腎的杞子、紅棗和黑豆，以及滋潤心肺的銀耳和冰糖，這道藥膳常吃，有疏肝解鬱、改善睡眠的功效。身體失衡的情況調養好了，於是杞人安靜下來想一想，「憂天地崩墜」完全沒有必要，病就這樣醫好了。

煲這道藥膳湯，建議以瘦肉代替肘子，龍眼肉代替冰糖，加三十克酸棗仁，健脾益氣，養心安神。

文樓斬蟹除民害，湯包留香慰英魂

江蘇淮安人傑地靈，漢代出了個淮陰侯韓信，南宋出了個擊鼓退金兵的巾幗英雄梁紅玉，明清兩朝出了幾十個進士和百多個舉人，還有個寫《西遊記》的吳承恩。近代更不得了，出了個周恩來總理。

去淮安的河下古鎮吃蟹黃湯包，湯包裏沒有肉只有湯，吃時附吸管一條，首先用筷子在包子上開個口，放入吸管喝湯，然後才吃包子，否則一口咬下去，湯包裏的熱湯爆出飛濺，很有可能被燙傷。

話說遠古時代，天庭有一隻千年蟹精，天生淫賤霸道，被貶下凡間，到了河下鎮的肖湖。蟹精在此地又再作惡，翻起大浪，淹浸河下鎮，沖毀農田和民居，更威脅河下鎮的鎮長，鎮上每年九月重陽都要送三個少女給它，否則年年都會翻大水，鎮長以為它是神仙化身來傳遞天意，只好答應。有一個叫做文樓的勇士，跳上祭壇放走少女，並呼籲百姓反抗蟹精，蟹精大怒，霎時間狂風暴雨。文樓提刀與蟹精大戰，最後蟹精被砍死，但文樓也壯烈捐軀。河下鎮百姓為了紀念為民除害的文樓，為他修建了一座樓，把螃蟹煮熟後拆肉取黃，做成湯包，這就是遠近馳名的文樓蟹黃湯包的傳說。

河下古鎮有二千五百多年歷史，擁有多個受保護的非遺項目，而文樓湯包至今已傳至第七代，生意依然火紅。

美味當前食指動，甲魚宴會殺機藏

甲魚，古稱鱉、黿，廣東人稱為水魚。甲魚生長在河流湖泊中，以小魚小蝦為食，其分佈很廣，長江和珠江流域、雲南、貴州、廣西、海南島都有野生甲魚。甲魚有一近親是山瑞，生長在山間溪澗之中，樣子甚為相似，但山瑞的頸部及背部有粗大疣粒，腹部呈黃白色，裙邊比水魚厚和寬，價格也比甲魚貴得多。

以前吃甲魚是很昂貴的，但自從我國發明了人工養殖甲魚的技術，利用溫泉水使其不進入冬眠，加快生長後，甲魚市場價格下降，甲魚菜式得以走入平常百姓家。

甲魚味道鮮美，營養豐富，中醫認為吃甲魚能補中益氣，治風濕痹痛，對滋補有益。甲魚最佳部份是四周下垂的甲魚裙，味鮮，肉軟而甘腴。

我們很熟悉的成語「食指大動」，是形容食物十分吸引，令人垂涎三尺，取食物的手指也想動了。看似風花雪月，美食當前，但事實上說的卻是一個因食禮而起殺機的故事。

公元前六〇五年，楚人送了一隻甲魚給鄭國的鄭靈公。那時公子宋和子家正要去拜見鄭靈公，公子宋對子家說，我們可能有口福了，剛才我的食指自己動了一下，以往發生這種動作，都必定有好東西吃。到了後，果然見到宰夫正在處理甲魚，兩人會心一笑，靈公問二人為何而笑，子家就把公子宋在路上預感美食一事告訴了鄭靈公。待甲魚燉好了，靈公請賓客品嚐，卻偏偏不分給在場的公子宋。公子宋生氣了，用手指往鼎（鍋）中一蘸，嚐味後憤然退席。為了這件事，鄭靈公對公子宋起了殺心，但公子宋卻與子家搶先弑君，鄭靈公結果死於非命。公子宋之憤怒，並不在於那隻甲魚，而是為了鄭靈公待他無禮。

長城孟姜哭亡夫，太湖珠淚化銀魚

銀魚原產地是中國，生長於山東至浙江沿岸鹹淡水交替處，也是華東大型湖泊如太湖、鄱陽湖的名產。銀魚的體型細小柔軟，魚味較淡，適合煎、酥炸、滾湯。

據說還有一個淒美的故事。話說秦始皇為了築長城，在全國徵召無數壯丁，一去就幾年音信全無，其中一個壯丁叫萬杞良，他的妻子就是孟姜女。她為了尋夫千里迢迢來到長城腳下，才知道丈夫早已死去，傷心得嚎哭三天，把長城哭倒了一截。秦始皇知道後大怒，把孟姜女押回京準備審問，卻見孟姜女美若天仙，便想納為妃嬪。孟姜女提出，要在太湖邊搭起三十里孝棚祭祀丈夫，然後才能入宮，秦始皇答應了。孟姜女在太湖邊哭祭丈夫，串串眼淚流入太湖，最後跳湖自盡。傳說從此之後，太湖就有了這種晶瑩如淚水的銀魚。

有一道上海菜「銀魚跑蛋」，與白飯魚煎蛋或銀魚烙的做法不同，可以說是「滑蛋溜銀魚」，蛋少銀魚多，滑蛋抱著銀魚，吃的就是嫩滑和鮮味。銀魚跑蛋是平凡中見技巧，全程用猛火急炒，不過十秒就要盛起，要求炒出來的雞蛋不結塊，但也不能過稀，過程要手急眼快，所以叫做「跑蛋」。

老翁獻魚讚鮮美，孫權贈名稱武昌

廣東有一句諺語：「春鯿秋鯉夏三鯬」，春節前後，鯿魚更是肥美。武昌魚是長江流域的鯿魚，毛澤東《水調歌頭》中一句「才飲長江水，又食武昌魚」，大大提高了武昌魚的知名度。武昌魚是河鯿，保留了鯿魚迴游的天性，小魚由長江向東游，秋冬時又回到湖北省武昌的樊口附近過冬。到了初春，武昌魚已長得很肥美，魚鱗也由銀灰色變成銀白色。而廣東省的邊魚，百多年來都是塘鯿，「終生」呆在魚塘，所以無論春夏秋冬，魚鱗都是銀黑色的，味道雖然鮮美，但始終不及河鯿的清甜嫩滑。

武昌魚之著名，還有另一故事。三國時候，武昌樊口是吳國造船的地方，有次吳國有新船下水，孫權為此設宴，附近的漁民前來送魚。其中有一老頭送來一尾鯿魚，孫權大讚好吃，賞了一碗好酒給老頭，問老頭這是什麼魚，老頭回答說：「此魚名鯿魚，生於梁湖，每年趁春天湖水大漲，它便經游九十九里長港，繞九十九個灣，穿越九十九道網，才來到樊口水域。這裡清水渾水交會，鯿魚清水渾水兼喝而吐，七日七夜之後，黑鱗變白鱗，瘦腸變成了肥腸，所以味道特別甘腴鮮美。」孫權大喜，又再賞了老頭一碗酒。老頭接著說：「此魚不但肉質鮮美，魚骨煮湯還可以解酒。」孫權正好喝多了酒，已有醉意，即命人用鯿魚骨煮水成湯。魚骨湯煮好，孫權趁熱喝了一碗，果然覺得精神一振，醉意全消。孫權十分興奮，舉杯對席中大臣說：「上天賜我東吳有如此好的武昌魚！大家再乾幾杯！」從此以後，當地的鯿魚就因孫權而被命名為「武昌魚」。

湖北人吃武昌魚，有清蒸、紅燒、油燜等做法。我們有年在武漢，到東湖旁邊專吃魚的酒家吃魚宴，印象最深的就是那一味清蒸武昌魚，魚肉嫩滑，脂肪入口即溶，果真名不虛傳。

東吳招婿宴玄德，廚人摘葉獻草頭

早春二月，正是草頭當造的季節。草頭是苜蓿的一種，在漢武帝時代從西域引入，原本是作為養馬的牧草，營養豐富，多年生長，在北方種植一年可有一到兩次收成，在南方更可以收割三到四次。因為種一次便可收成多年，《齊民要術．卷三．種苜蓿》記曰：「此物長生，種者一勞永逸。」成語「一勞永逸」由此而來。

除了作為飼料外，用苜蓿種子浸出來的嫩芽（Alfalfa），被西方人用作沙律的蔬菜。中國歷史上也有很多關於苜蓿的飲食記載，華東一帶傳統喜用苜蓿的嫩莖葉來做菜，稱之為草頭。

草頭入饌，古代已有文字記錄，是一種比較名貴的蔬菜，常在筵席上食用。吃草頭就要吃嫩，只採摘嫩苗上那三片嫩葉，帶葉梗的就會嫌老。買草頭時，要用手輕輕抓一把，試試有沒有扎手的感覺，完全柔軟的就是新鮮嫩貨；要不就買一大把回家，耐心地把葉梗摘掉。所以，店家對草頭是又要賣又要恨，恨的是它老得很快，一老就賣不出去，風險很高，所以售價並不便宜。

每年冬天到春天四月，江浙菜和上海菜的餐館，就會推出一道「生煸草頭」。傳說三國時期，某年初春二月，孫權把妹妹嫁予劉備，並為此設宴款待，席上盡是各式肉類和山珍海味、熊掌、駝峰，大家吃得油膩肚熱，孫權即吩咐廚子，要上一道清淡爽口的青綠蔬菜來調口味。廚子看到廚房中各式魚肉都有，唯獨沒有青綠的蔬菜，心裡很是焦急。他轉到屋後田間看看，只見一大片碧綠色的草出，於是就彎腰摘了幾片放在嘴裡嚼，只覺一股青草味，卻無苦澀。廚子心生一計，摘了一大把草的嫩葉，回到廚房下重油爆炒幾下，心中還是怕主子吃得出草腥味，便順手下了些料酒。孫權和劉備吃了之後，大為叫好，居然把這盤草頭全吃光了。這件事很快傳了出去，江南人從此都愛上草頭，生煸草頭成了席上緩和油膩的清爽菜式。

月宮桂籽落凡塵，人間栗羹慰秋心

江南地區每年桂花開的時節，栗子也上市了，栗子素有「千果之王」之稱，自古醫者文人都對吃栗子的好處推崇備至。杭州有一道解慰甜品「桂花鮮栗羹」，潤肺養顏，舒解煩躁。

桂花鮮栗羹來自一個美麗的傳說。話說唐代一個中秋夜，寂寞的嫦娥從月亮上的廣寒宮凝望人間，看著西湖美景，舒展廣袖翩翩起舞，吳剛在旁手擊桂樹為她伴奏，震落滿天桂籽，灑落人間。這時候，杭州靈隱寺的德明和尚正在煮栗子粥，剛好來自月宮的桂籽飄落粥中，其香無比，眾僧品嚐後大讚。第二天，德明和尚將地上的桂籽收集起來，種在西湖附近的山坡上，桂樹生長得很快，八月便開滿了金黃色、白色和紅色的小花，色彩爛漫，香氣襲人。這就是西湖美景中的金桂、銀桂、丹桂，而桂花鮮栗羹也隨著神話故事代代相傳，成了杭州美食。

高宗雪夜賞桃花，武后美饌慰君王

「雪夜桃花」名字漂亮，是一道好意頭的菜式，春節期間在家裏宴客最適合不過。傳說唐永徽六年（六五五），唐高宗剛立武則天為皇后，這年冬天，年邁的高宗臥病不起，武則天日夜守在高宗病床前，細心服侍他。轉眼到了初春，御花園中桃花盛開，到處都是淡淡的粉紅色。可是，此時的唐高宗已病入膏肓，再不能像往年那樣帶領眾妃遊園賞花了。

有一天，大雪一直落到傍晚才停，四野寂靜無聲，伴在高宗病榻前的武則天推開窗戶，只見滿園一片銀裝素裹，好一個醉人的美景。她扶起高宗，移到窗前讓他也看看，高宗看到如此美景，不禁龍顏大悅說：「好一個雪夜桃花！」

高宗心情高興，精神也好了些，武則天立即傳旨御膳房備膳。高宗吃得開心，指著其中一道以前從未嘗過的菜式，問武則天這道菜叫什麼，武則天回答：「這個菜是您親口御封的，剛才觀看窗外景色，您不是道出『雪夜桃花』嗎？這是御膳房遵旨做的。」經過這晚，高宗的病好了很多，這道菜便被視為大吉之兆，從此每逢唐宮宴會，御膳房都會呈上此菜。

其實「雪夜桃花」的材料，就是蛋白、蝦仁、火腿蓉，三種材料的顏色配合起來，粉紅色的蝦仁堆在雪白的蛋白中，灑上紅色的火腿蓉，就應了「雪夜桃花」的意境。

王勃妙筆傳千古，雙層肉香醉重陽

小時候讀書要背《滕王閣序》，長大了只記得最浪漫的那句：「落霞與孤鶩齊飛，秋水共長天一色。」

唐高宗上元二年（六七五）重陽節，洪州都督閻伯嶼重修滕王閣竣工，設宴慶祝，著名文人王勃（字子安）剛好回鄉省親，途經南昌，被邀出席慶典。筵席間，有些賓客對菜式高談闊論，顯示對美食之精通。王勃不以為然，指著一碟炒豬耳，笑問大家此菜的菜名，眾人無一能回答。王勃說：「此菜主料為豬耳，烹後色澤金黃，形似雙層，可稱雙層肉。」眾人大讚，把這碟炒豬耳吃個見底。王勃乘著酒興，即席當眾揮毫，寫下了流傳千古的名作《滕王閣序》，王勃與炒雙層肉的趣事也傳為佳話。

炒雙層肉就是炒豬耳，形如雙層，鮮嫩脆口，是一道你意想不到的美食。在街市豬肉檔買一對豬耳，通常只要十五至二十元，最多也是二十五元，絕對抵食。肉檔通常還會為你用火槍燒去雜毛，拿回家刮洗便可。

我家老陳喜歡吃豬耳，鹵豬耳、涼拌豬耳、炒雙層肉，都是我家常做的菜式。一對豬耳份量不少，洗淨後用水煮至夠身，過冷河後正好分為兩個菜用，煮了水的豬耳如果當天用不完，可裝食物盒放雪櫃，留兩三天再做菜。

柳葉菜心傳佳話，觀音賜福化甘霖

由四月到端午節，街市有售柳葉菜心，它們混在其他蔬菜中，一般菜販未必會特別注明。柳葉菜心的葉細而修長，節疏而質脆，顏色碧綠，味道清甜，但進入炎夏之後就不會見到。

柳葉菜心以廣州新市蕭崗村生產的最為馳名，背後還有一個神話故事。在晚唐時期，節度使劉龑割據嶺南自封為王，在觀音山下建王宮，更強搶民女，迫使百姓四處逃難。相傳有兩個村姑，一個叫柳娥，另一個叫葉花，她倆逃到白雲山下的蕭崗，住在破廟中。她倆在廟旁的碧雨潭旁邊開墾荒地，希望種菜為生，但是卻發愁沒有菜種，柳娥提議既然菜種不成，就種些柳枝吧，於是她們折了柳枝，插在開墾好的泥土中，用碧雨潭水澆灌。晚上，她倆同時夢見南海觀世音來到白雲山，在碧雨潭中沐浴，更注目過她們的菜地。第二天兩人起床，發現昨天插的柳枝，竟然變成一片綠油油的菜心田，菜心味道甜美，拿到鎮上出售，十分受歡迎。消息很快傳了出去，村民爭相要買她們的菜種來種菜，種出的菜心更從兩人的名字中各取一字，稱為柳葉菜心，很快就成為當地名產，還一度被列為貢品。

蕭崗的柳葉菜心清甜爽脆，這可能與菜田用碧雨潭水澆灌有關。潭水和泉水含有豐富的礦物質，除了令菜心顏色翠綠，還會令甜味提升，更有益健康。

買柳葉菜心，宜挑選有直紋兼有爆口的，味道最佳。而烹調的方法，最好就是用鹽油水灼，不必加薑蒜，保持原汁原味。

章齋無蝗延佳客，玉井蓮香共晚炊

秋天是食材最佳的季節，剛好中秋節時吃得有些飽滯，胃納不佳，我決定清清腸胃，見市場上有不少新上市的蓮藕，便做了個素食的玉井飯。

南宋林洪編著的《山家清供》共兩卷，稱得上是我國最早具養生概念的農家菜譜。「玉井飯」是一道古老的杭州飯食，與在杭州 G20

國宴上大出風頭的南宋名菜「蟹釀橙」同樣，都出自林洪所著的《山家清供》。

南宋是我國文化文藝鼎盛的時代，關於飲食的著名書籍，除了《山家清供》之外，還有《夢粱錄》和宋末元初的《武林舊事》，武林是當時對臨安（杭州）的別稱。

話說《山家清供》的作者林洪，認識一位德高望重的長者章鑒先生（號雪齋），他年事已高，喜歡在家待客，不過他大多數的食物都不在市集購買，因為怕打擾別人。某日林洪拜訪老先生，當時正值蝗蟲之災，卻沒有蝗蟲飛入老先生的家，老先生大為欣慰。為慶祝這件值得感恩的事，老先生留林洪晚酌數杯，吩咐下人以新鮮的蓮藕和蓮子煮「玉井飯」。

《山家清供》文中記載了做法：「削嫩白藕作塊，採新蓮子去皮、芯，候飯少沸，投之，如罨飯法。」蓮藕和蓮子清甜柔潤，清熱消滯，對身體有益，「玉井飯」不失為養生膳食的好主意！

東坡老饕好飲食，美味唯有玉糝羹

提起蘇東坡，愛吃之人都會想起東坡肉。蘇東坡把豬肉燉得好，詩更寫得唯肖唯妙。蘇東坡自二十五歲入仕途，幾起幾落，特別是經歷了史上著名的「烏台詩案」（從漢朝起御史台稱烏台，院中多植柏樹，長年有烏鴉棲息，故名）。這是圍繞新舊黨爭而起的文字獄，才華橫溢的蘇東坡多次被人構陷清算，雖大難不死，卻先後被貶至黃州（湖北）、惠州（廣東），最遠至儋州（海南）。當時海南島人少荒地多，樂天派的蘇東坡超然自在，還向老百姓推廣種植薯類作為糧食。至徽宗即位，他才遇赦北歸，途經廉州（廣西）暫居。蘇東坡在南方渡過艱苦貧困的歲月，卻是他文學創作的高峰。

宋代林洪撰寫的《山家清供》有一條「玉糝羹」，曰：「東坡一夕與子由飲，酣甚，槌蘆菔爛煮，不用他料，只研白米為糝食之。忽停箸撫几曰：若非天竺酥酡，人間決無此味。」指的是蘇東坡有次與蘇轍（字子由）飲酒，把蘆菔（蘿蔔）煮爛，不放其他材料，只是把米研碎做糝吃。席間蘇東坡忽然放下筷子，拍打桌子說：「除非是天竺酥酡，人間再絕無此美味！」並命名此羹為「玉糝羹」。另外，《蘇軾詩集》中更有詩稱頌曰：「香似龍涎仍釅白，味如牛乳更全清。莫將南海金齏膾，輕比東坡玉糝羹。」

宋嫂烹魚傳深意，西湖醋味記忠魂

西湖醋魚是傳統的杭幫菜，相傳古時有宋氏兄弟，兩人都很有學問，隱居在西湖，以打魚為生。當地惡棍趙大官人遊湖時，遇到在湖畔浣紗的宋兄之妻，見其面貌娟好，就想霸佔，更施陰謀手段害死了宋兄。宋家叔嫂非常悲憤，便上官府告狀，誰知官府與惡勢力勾結，宋弟反遭一頓棒打。

回家後，宋嫂叫宋弟趕快收拾行裝外逃，以免惡棍報復。臨行前嫂嫂燒了一盤魚，碗裏一滴油都沒有，只加糖和醋。嫂嫂說：「魚味有甜有酸，是想讓你這次遠走他方，要記住你哥哥是怎樣死的，更不要忘記老百姓受欺凌和你嫂嫂飲恨的辛酸。」弟弟聽了很是感動，牢記嫂嫂叮囑而去。後來，宋弟考取功名回到杭州，把那個惡棍懲辦，報了殺兄之仇，但這時宋嫂已經被迫離開了，久尋不獲。有次宋弟出門赴宴，席間吃到一道魚，味道竟與他離家時嫂嫂煮的一樣，才知道廚娘正是他的嫂嫂。宋弟便辭了官，把嫂嫂接回家，再以捕魚為生。

傳說這就是西湖醋魚的來源，要注意的是，做這道菜，醋是最重要的靈魂，要按口味選用上好的老醋，否則會浪費了一盤魚。

義烏鄉情千里送，金華火腿百世香

金華火腿，已有千多年的歷史，在唐代已有文字記載，但是聲名大噪卻是在兩宋年間。女真族的金國本來與北宋訂有盟約，但金國滅遼後，繼而覬覦富饒的漢土，竟起了侵略的野心，揮軍南下，百里起烽煙，釀成「靖康之變」。北宋滅，宋欽宗之弟趙構於應天府（今南京）登位宋高宗，為南宋之始。

時任宰相李綱，力薦朝中一位智勇雙全的大將，姓宗名澤，出任汴京留守兼開封府尹。這位宗澤元帥是金華府義烏人，他上任後整頓軍事，招募民間義勇，組成大軍，多次擊退來犯的金兵。但是，朝中有些奸臣卻暗通敵國，對宗澤恨之入骨，於是把大批報捷的家書劫了，換成宗澤元帥變節賣國的消息，送到其家鄉義烏。

消息傳來，家鄉父老十分震驚，但他們相信義烏子弟素來忠義，絕對不會賣國求榮，於是決定北上勞軍，親自了解真相。按照家鄉風俗，鄉親們宰豬殺鵝，日夜兼程趕往汴梁。一路上為保存帶來的肉，不斷擦鹽，就這樣又擦又醃，走著走著，到了北方，那豬腿發出陣陣鹹香，十分誘人。終於來到汴梁城，這天正是元宵佳節，滿城張燈結彩，將士們把鄉親們迎到了宗元帥帳下，久別重逢，謠言不攻而破。

宗元帥把鄉親們帶來的豬肉鵝肉犒賞給軍隊，將士們吃著只覺甘香無比，但不知道是什麼肉，宗元帥開心地說：「此乃吾家鄉肉！」他又說鄉親們千里迢迢，風餐露宿為我們送肉來，這前腿就叫做「風腿」，後腿就叫做「露腿」吧！後來人們因「露腿」肉色火紅，就再改稱為火腿，但醃前腿至今仍稱為「風腿」。由於這種醃豬肉耐存，經得起遠運，將士們又喜歡吃，宗元帥就託義烏鄉人大量製造供軍隊食用，從此義烏附近各縣都相繼經營起製腿作坊，成行成市。而因為義烏舊屬金華府管轄，所產之腿就稱為「金華火腿」。

宋帝南逃投古剎，和尚護國烹菜羹

潮州菜中的護國菜，是一個悲傷的故事。話說南宋景炎元年，小皇帝宋端宗被元兵追殺，由於城池相繼失守，便坐船入海，經福州、泉州、漳州，流落至潮州饒平縣。據說君臣投廟歇宿，飢腸轆轆，寺廟中的和尚用野菜煮羹給皇帝吃，皇帝大讚美味，認為和尚救駕有功，賜菜名為「護國菜」。

據歷史記載，宋端宗一行之後經海路到達九龍的官富場行營，留給香港一間侯王廟和宋王臺大石遺蹟。元軍再次迫近，宋室便由海路逃至虎門，誰料遇颱風大船傾覆，宋端宗險溺死，幾個月後，不到十歲的宋端宗去世，兩日之後，八歲的趙昺被擁立為帝，史稱宋帝昺。可惜宋軍在厓門（新會）之戰大敗，一二七九年三月十九日，丞相陸秀夫背著宋帝昺跳海殉國，南宋正式覆滅。

歷史上，香港土瓜灣的宋王臺，紀念的小皇帝是哥哥宋端宗，而不是弟弟趙昺。宋端宗因匆忙逃走而未正式登基，所以稱為「王」，宋王臺和九龍城侯王廟用「王」字是正確的。宋王臺大石後因城市規劃問題，位置一再被移動，現在出現一個「宋皇臺」地鐵站，此「皇」不同彼「王」，誰是誰非？留給專家們解釋好了。

現在護國菜都是用番薯葉做的，但番薯應該是明朝時才由呂宋傳入中國，宋帝昺吃護國菜的時候，我國還未有番薯，和尚煮羹用的估計是莧菜。清水煮野菜，味道很寡，所以護國菜一般都會用上湯，是潮菜素菜葷做的典型例子。番薯葉是夏天常見的蔬菜，也可以選用莧菜或菠菜。

小酒誤烹魚味妙，陽明稱善傳佳餚

「贛」粵音「鑑」，普通話音「gàn」。「贛」是江西省的簡稱，省會南昌。贛州是江西南部靠近福建的一個城市，古稱虔州。歷史上宋高宗曾派岳飛平定虔州農民之亂，因不喜歡「虔」字帶兇惡的虎頭，賜名為贛州，喻意棄武從文，和諧安定。

春秋戰國時期，政局動盪，中原人開始南遷，部份人沿長江來到吳越地區，另一部份人向南沿長江支流贛江和貢江而下，第一個落腳點就是江西虔州，即今天的贛州。因此，贛州可說是孕育客家人的搖籃。

相傳明朝正德十二年（一五一七），副都御史王陽明駐守贛州，因為他喜歡吃魚，巡撫衙門的廚師經常變換做法烹調鮮魚，王陽明感到十分滿意。有一天，廚師在炒魚時忙中出錯，竟把醋當成水加入魚中，只好就此上桌。王陽明吃了這微帶酸味的魚塊，卻十分喜歡，問廚師此菜何名，廚師說這是小酒炒魚（贛州客家人把醋叫做小酒），王陽明聽後連聲說：「小炒魚好！」此菜因而得名，流傳至今。

巧借夫人練字計，嚴相題匾六必居

去過北京的人，都知道著名的「六必居」，它是一家四百多年歷史的老店，賣傳統風味的醬料和醬菜，最出名的是黃麵醬、八寶醬瓜、醬甘露、甜醬黃瓜、醃薑芽、糖蒜等等。我們香港人吃起來會覺得比較鹹，但北京人就是喜歡那醬味夠濃郁，早餐吃稀飯和饅頭都離不開它。現在，北京六必居賣的醬料醬菜都有禮品包裝，外省旅客到北京朝聖完，必定人手一盒作為手信，但外國遊客就未必能接受醬菜的味道。

「六必居」的三字牌匾，相傳來自明朝宰相嚴嵩的墨寶。當年六必居只是一間普通的小酒舖，但酒釀得很好，環境也很清雅，嚴嵩有時也會來坐坐，飲上幾杯。六必居的老闆很想請宰相大人題個字，卻遲遲不敢開口。老闆最後求到宰相夫人，但夫人也不敢隨便為一間小店麻煩宰相。幸好夫人有個婢女很聰明，想出一個好辦法。

有一天，嚴嵩早朝回府，見夫人在練習書法，寫的就是「六必居」三個字，夫人問宰相她寫得怎樣，宰相說這三個字秀麗有餘，但力度不足，於是隨手寫了「六必居」三個字給夫人臨摹。夫人把此墨寶交給了六必居的老闆，他立刻以重金請名師刻成匾額，掛在店舖中，從此六必居生意興隆，後來轉做醬菜，成為了名牌老字號，一傳就是幾百年。

福山小雞宴天子，御膳美名傳民間

山東省煙台市的福山，是一個烹飪之鄉，福山幫乃魯菜中膠東派的代表。相傳在明代期間，福山民間流行烹調「福山燒小雞」，當時選用的是當地一種雛雞，雞身較細小，所以菜名叫做燒小雞。

明隆慶年間，京城有位兵部尚書叫郭忠皋，他是福山人，有一次在家擺盛宴招待天子。郭家的廚師都是福山人，有一個小徒弟做一道小公雞的菜式時失手，但宴會已開始，只好將雞用油炸了一下，再用醬油和醋燴了端上席。誰知皇帝和群臣吃了之後，大為稱讚，皇帝問這道菜的名字，大廚說是「福山燒小雞」。後來御廚們對做法進行了改良，成為一道宮廷名菜。清末民初，一位御廚將福山燒小雞的工藝傳給了親戚史家莊人史泗濱，史泗濱在北京東華門外開了個店，主打福山燒小雞，結果譽滿京城。

上世紀三、四十年代，大量山東商賈移居香港，隨行的還有他們的家廚，山東菜打著京菜的牌號也進入了香港。由於沒有小雞供應，於是改用普通大小的雞，不再稱為小雞，改名為「山東燒雞」。

山東燒雞是一吊（醃）二炸三蒸，淋上蒜蓉醬油醋麻油混合的汁，雞皮紅潤光亮，味道醇厚，肉嫩骨香，入口軟綿。這道百年不衰的菜式，代表著山東美饌，揚名海外。

曲阜暑熾厭珍饈，乾隆御口賜銀芽

大豆芽由黃豆（大豆）浸泡而成，含豐富維生素B2和C，有提高人體免疫力的功效。糖尿病患者和老年人最適合吃大豆芽，當中的維生素B2能有效調節腎臟功能。細豆芽則由綠豆浸泡而成，高纖維，低熱量，是減肥瘦身的好食物。

中國浸發豆芽的技術，可追溯到東漢時期。《神農本草經》中有關大豆芽的記載：「大黃豆卷，味甘平，主濕痹，痙攣膝痛。」可見大豆芽當時是可作為藥用的。到了宋朝，有人用綠豆發芽成為細豆芽，並作為蔬菜入饌。

明代宣德年間，朝廷招考舉人，試題竟是「豆芽菜賦」，有考生名陳嶷，他寫道：「有彼物兮，冰肌肉質，子不入於淤泥，根不資於扶植。滌清腸，漱清臆，助清吟，益清職。」把豆芽的生長、形狀、功效等盡在文中表現出來，結果被評了個第一名。看來考官與中舉的陳嶷，都是愛吃豆芽的人。

相傳清乾隆年間夏天，乾隆皇到山東曲阜祭孔，因舟車勞頓，他剛到曲阜就病倒了，什麼都不想吃，隨行的官員都焦急如焚。御廚靈機一觸，把細豆芽的頭和根摘去，清炒了一碟豆芽莖呈上。病中的乾隆皇看見這碟雪白的豆芽，覺得清爽悅目，一時心情大好，一整碟吃個乾淨，並御賜其名為「銀芽」。從此這味素炒銀芽便成了曲阜孔府名菜，而摘去頭尾的細豆芽從此就被稱為「銀芽」了。

樵夫善心助仙女，梅菜飄香譽惠州

梅菜扣肉是傳統的客家菜，更是客家菜的代表。在客家人向南遷移的過程中，曾經過華東江淮地區，廣東的梅菜醃製文化就是從江浙地區帶入。惠州的客家人對醃製梅菜非常有心得，要經過「三蒸三曬」的程式，更講究的要做到「七蒸七曬」。浙江的霉乾菜是用雪裏蕻醃製，而廣東惠州梅菜用的是一種專為醃梅菜而種的冬芥菜，每年十月下種，翌年春節左右收成，二月開春梅花正盛，據說因此稱之為「梅菜」。「梅」字容易讓人想起梅州，而梅州地區的梅菜扣肉也是當地家家戶戶的拿手好菜。另一個傳說，則是北宋文豪蘇東坡被貶謫惠州時，仿效江浙地區的霉乾菜扣肉而創作的菜式。

惠州梅菜聞名全國，當然少不了神話故事。話說從前惠州山區有一個貧窮的樵夫，有一天山洪暴發，沖斷了木橋，一個年輕女子過不了河，在狂風大雨中狼狽不堪，好心的樵夫就把她背了過河。女子原來是仙女下凡，為了感謝這個樂於助人的樵夫，就送了一包菜籽給他，樵夫問女子叫什麼名字，女子說她叫阿梅。樵夫把阿梅送的菜籽種下，長出了很多不知道名字的青菜，樵夫吃也吃不完，就把青菜用鹽醃起來，春節過後打開罎子，即時一屋子香氣，樵夫把醃菜拿到墟上賣，很快就遠近馳名，這就是著名的惠州梅菜。近幾十年，梅菜扣肉流行大江南北，受歡迎的程度，可能連仙女阿梅也始料不及！

炸丸娛父傳佳話，魚腐同音託深情

順德自古是魚米之鄉，著名的順德魚腐有百多年歷史，在清光緒年間紅杏主人所著的《美味求真》中，已記載了魚腐的菜式。

傳說在清代，沙滘鄉有一個孝順女，她的老父親牙齒都壞了，吃不了肉食，平日只吃豆腐青菜，身體日漸消瘦，鬱鬱寡歡。孝順女於是想到，從鯪魚脊上刮出魚肉，加入雞蛋攪勻，捏成丸狀炸至金黃色，再用這丸子烹調菜式。老父親吃過丸子，開心地笑了起來，鄉親們把這種丸子稱為「娛父」，表揚這個細心的孝順女娛樂父親。後來丸子的做法流傳開來，因口感柔軟似豆腐，於是改稱為同音的「魚腐」。

做魚腐講究的方法是買新鮮的鯪魚脊，刮出魚肉（魚青）；簡單的就是買現成的鯪魚肉。街市賣的鯪魚肉分兩種，即加了味道的和沒有加的，最好用後者。只要做好魚腐，就可以做出很多魚腐的菜式，例如冬菇燴魚腐、三絲燴魚腐、脆皮魚腐、絲瓜滑魚腐等等。

無錫橋下藏石臼，仙氣入鍋燉排骨

相傳古時無錫城內有一座大石橋，橋墩下有一個廢置的破石臼。有一天，有個江西人坐船經過橋底，無意中發現這個破石臼，他上岸到橋邊的豆腐店打聽，豆腐店老頭說那是他太公那輩丟在該處的。江西人說：「我出五百兩紋銀買你這石臼。今天先付十兩定金，十天後來取貨。」老頭便和老妻把石臼刷洗乾淨，十天後江西人回來，一見石臼已經洗乾淨了，便嘆息著告訴老頭這個石臼他不買了，原來他看中的是石臼裏面沾了仙氣的寶貝垃圾。

老頭只好退還定金，納悶之下，叫老婆買些排骨來燉，飲酒解悶。老婆婆便把鍋刷洗乾淨，燉起肋排骨來，怎料燉好了特別香，原來老婆婆用來刷鍋的是刷石臼時的刷，可能是把仙氣帶到鍋裏了，於是把鍋裏煮肋排的醬留起，用來醃肋排，後來更乾脆開起醬肋排店來。

無錫肉骨頭，肉酥而味濃，甜中帶鹹不肥膩。肋排用鹽醃過夜，提升肉的鮮味，醃過的肉呈紅色，加入紅麴米可使顏色更紅，是無錫肉骨頭的特色。

涼茶一碗治未病，林公贈壺王老吉

今時今日，街上的涼茶舖越來越少，所謂廿四味、菊花茶都只是不同味道的瓶裝飲品，今天就來說說一些涼茶的典故。

廣東省位於嶺南地區，是「炎陽所積，暑濕所居」的瘴氣之地，容易令人生濕熱鬱積之類的溫病，並不宜居。涼茶在嶺南的歷史可追溯至秦朝，或許這正是秦朝大軍南征百越時的救命法寶。

最初的涼茶是由方士上山採藥煮成，一般用以清熱、消暑、解滯。東晉時期，嶺南瘴癘成災，道教醫藥家葛洪來到嶺南，研究各種中草藥救治當地的瘴病，並留下著作列明處方。後來，當人們遇上熱病時，都會喝這類湯藥自救，是涼茶的起源。

清嘉慶年間，有一位廣東鶴山人王澤邦，小名阿吉，得道士真傳，以山芝麻、崗梅根、金櫻、金錢草、淡竹葉、火炭毛等十多種草藥煎熬成涼茶，供百姓日常服用，以清熱解毒。很多人覺得此簡單的茶飲能治未病，阿吉涼茶大受歡迎，名聲很快就傳了開去。後來欽差大臣林則徐入廣東禁煙，服過阿吉涼茶後亦覺見效，於是送他一個刻有「王老吉」金字的大銅壺。道光八年（一八二八），阿吉在廣州十三行靖遠街開設第一家王老吉涼茶舖，從此一茶走天下，成就兩百年基業。王老吉的成功，同時帶動了涼茶店之風，粵港澳涼茶舖紛紛出現，不少老字號營業至今。

異香引得府台來，大馬站菜從此開

這是一道普通的廣東家常菜，卻起碼有著百多年的歷史，也是不少香港人小時候的回憶。趁現在把它寫下來，未來終有一天會消失。

昔日廣州有一個地方叫做「大馬站」，轎伕小販都在那裏聚集，有很多吃食攤檔，賣的也是便宜的下等食物。相傳在清朝末年，廣州府台有日乘轎路過大馬站，那時正值中午，檔販生意興隆，府台忽聞陣陣異香傳來，令人食指大動。府台回府後，立即叫廚子照味道炮製，但不知道菜名，便說是大馬站菜。廚子不知大人所指是什麼菜式，但又不敢問，只好跑到大馬站看看，見在那裏站著坐著吃飯的都是販夫走卒，而且人人都吃同一道菜，就是豬膏爆蝦醬豆腐韮菜，香濃撲鼻。廚子回府如法炮製，府台大人平日吃得富貴，吃了這鍋豆腐菜根，大為讚好，大馬站菜式從此得名。

清末的大馬站菜，原形是打邊爐式熱氣騰騰的瓦砵，所以香氣四溢。後來傳到香港，在五十年代，街邊檔把大馬站這道菜改成了用銻煲滾熱的煲仔菜，並把豬膏改為火腩（燒肉），加大碗白米飯，深受藍領一族歡迎，這道大馬站火腩煲更登堂入室，成為飯館的經濟菜式。

瓦罐藏葷僧破戒，八寶飄香佛跳牆

福建菜是中國八大菜系之一，飲食文化源遠流長，特色是選料精細、色調美觀、味道清鮮、淡而不薄，有濃厚的南國地方特色。福州菜和閩南菜是福建菜的主要組成部份，兩者皆因烹調山珍海味而名聞遐邇。

說到福州菜，當然以「佛跳牆」為首，它被列為國宴珍饌之一，曾招待過很多外國貴賓，如美國的列根總統、布殊總統、英女皇伊利沙伯、柬埔寨西哈努克親王等。

佛跳牆始於清道光年間，相傳有一偷葷的小和尚，平日打掃寺院廟堂，總會把供案上的各種食品倒入瓦罐存放。有一天，小和尚飢腸轆轆，便拿起放滿葷菜的瓦罐，跑到廟外空地，生火燜煮起來，想不到這罐大雜燴竟然香味無比，大快朵頤了一頓。過了幾天，小和尚回憶如此美味，忍不住又如法炮製。寺廟的老和尚半夜突然聞到陣陣香味，循著氣味走，發現竟是小和尚破戒偷葷。但老和尚也難敵美食的香味，一同大吃起來。此事傳開後，福州各大菜館受到啟發，趁機大做「佛跳牆」菜式，從此便流傳開來。

另一個比較可信的說法，是光緒年間，福州一位官員設家宴招待布政使周蓮，官員夫人是浙江人，精通烹調，她將雞鴨豬與紹興酒放入酒罈中密封煨製，上桌時香氣撲鼻，周蓮拍案叫好，讚為此菜只應天上有。周蓮回家後，命家廚鄭春發照樣炮製，鄭春發又在原本的基礎上加入魚翅鮑魚海參，成了一道富貴菜，命名為「罈燒八寶」。後來鄭春發自己開了一間聚春園菜館，官員和文人都來捧場，「罈燒八寶」更是名聲大噪。一名秀才隨口吟道：「罈啟葷香飄四方，佛聞棄禪跳牆來」。從此這道菜便改名為「佛跳牆」。歷史上確有鄭春發其人，聚春園更延續至今，變成一家大酒店，位於福州鼓樓區，其中菜餐館的招牌菜便是「佛跳牆」。

北海春遊聞市聲，慈禧喜嘗豌豆黃

豌豆黃是傳統北京小吃，在清朝由民間傳入宮廷，經御廚精細改良後再回流民間。所以北京的豌豆黃有兩種版本，一是仿膳製作的所謂宮廷小吃，另一種就是推著獨輪車的小販，或平民小食檔出售的豌豆黃兒，這個「兒」字就是老北京風味了。

幾十年前的老北京，每逢春天的農曆三月初三，大小胡同裏都會聽到豌豆黃兒的叫賣聲。現在北京已是繁華的國際大都市，相信胡同裏的小販吆喝聲早已絕跡，但豌豆黃仍然是北京人喜歡的小吃。

相傳有一天，慈禧太后在北海的靜心齋賞景春遊，忽然聽到高牆外有人大聲吆喝，就命太監去看看是什麼回事，原來是一個小販在賣豌豆黃兒。慈禧那日正值好心情，命人把小販帶進來。小販趕忙下跪，奉上豌豆黃兒，慈禧見那黃澄澄的豌豆黃甚為吸引，吃了一口也覺得味道不錯，便把這個小販留在宮中，專門為她做豌豆黃。從此，豌豆黃名聲大作，成為北京有名的小吃。

乾的豌豆，在香港叫做馬豆，也許以前的人用過它來餵馬。香港人認識馬豆，都是因為椰汁馬豆糕。馬豆在街市的雜貨店有售，買半斤就可以做很多豌豆黃了。

為妻治病訪奇醫，卻答韭菜炒蝦仁

韭菜是四季菜，在菜檔中絕不起眼，在超市更加欠奉，但它會隱身在街市的豆腐檔中，與豬紅和韭黃放在一起。豆腐檔是買韭菜的好地方，就算只買四兩韭菜也不會遭人白眼，想做個韭菜豬紅的話，一口氣就能買齊了。

韭菜自古原產於我國，幾乎所有省份都有，是最大眾化的蔬菜，全國各地凡有吃餃子風尚的地方，就一定有韭菜豬肉餡的餃子。韭菜的營養成份以胡蘿蔔素、鈣質、鐵質為主，含豐富膳食纖維，有利於腸胃消化。中醫認為韭菜有補腎溫陽的功效，故有「起陽草」之稱。

有一個民間傳說，在清光緒年間，廣州有一位窮人姓何，與妻子相依為命。有一年何妻病倒，腰酸腳軟，日夜尿頻，半夜出陰汗，但夫婦苦於家貧，無錢醫治。經人介紹，得知廣州西關有一間善堂，有一位怪醫也姓何，精通食療之法，凡窮人看病，從不開花錢的藥。怪醫為何妻診脈之後，說何妻是陰虛但不用吃藥，回家吃一段時間的韭菜炒蝦仁即可痊癒，因韭菜能補虛及調和五臟，配合蝦仁更有補腎益陽之功效。回家後，老何立即給妻子一連炒了幾天韭菜炒蝦仁，果然病情大有改善，再吃了一段時間，基本上就痊癒了。

一傳十，十傳百，大家發現韭菜炒蝦仁不僅能治病，還是一道美味的家常菜，從此之後小菜便在廣州、順德、番禺等地流傳開來，現在如果到這幾個地方上館子，在菜單中也隨時可見。

侍者不解洋人語，瑞士名字誤打來

清咸豐末年，廣州西村人徐朝昇（又名徐老高）開設太平館餐廳，以中西合璧的「豉油牛扒」打響招牌。

一九三七年，日軍轟炸廣州，太平館第三代主理徐漢初帶同廚師南下香港，在上環東山酒店西餐部開設香港第一間太平館。一九四〇年灣仔勳寧道（菲林明道）分店開業，一九七一年遷往銅鑼灣白沙道。一九四七年開設油麻地太平館，一九八一年開尖沙咀店，二〇〇四年開中環店。

太平館餐牌上有不少帶外國風味的菜式，例如英皇豬扒、拿破崙雞、巴黎焗魚、意大利牛柳、花旗雞、花旗豬扒、葡國雞等。除了一般西餐的茄汁、喼汁、芥末、胡椒等調味料外，還用上中式豉油。香港人稱這種有粵港特殊歷史背景、匯合中西飲食文化的菜式為「豉油西餐」。

太平館著名的瑞士雞翼，源於上世紀四十年代，一名外國人在廣州太平館品嘗過帶甜味的豉油雞翼後，連聲說「Sweet」，侍應不諳英語，將Sweet（甜）誤以為是Swiss（瑞士），經典名菜由此誕生，後來再衍生出瑞士雞髀、瑞士乳鴿、瑞士鴿珍肝、瑞士豬扒、瑞士牛扒、瑞士汁牛河等菜式。太平館深受香港人熟悉的菜式還有燒乳鴿、煙鯧魚、焗蟹蓋，和著名甜品巨型梳乎厘等。

太平館現在由第五代傳人徐錫安主理，在中環士丹利街、尖沙咀、油麻地、銅鑼灣共有四間店。由清代走到現在，太平館著名菜式基本百年不變，是飲食界的奇蹟。

此雞美國人人識，怎料不關左宗棠

曾任清朝軍機大臣的政治家、軍事家左宗棠，是湖南湘陰縣人。在美國紐約市和三藩市灣區，所有中國菜館都有左宗棠雞這道菜，聲稱是湘菜。但其實左宗棠雞與左宗棠無關，後來有人亂編故事，那就很難說得清了。

七十年代在台北忠孝東路，有一家叫做彭園的飯店，老闆叫彭長貴，是左宗棠雞的始創人。彭長貴師承譚家菜的老祖宗曹藎臣，在湖南菜式中加入粵菜工夫。據說在一九七〇年，蔣經國有一天突然到彭園吃飯，彭長貴用辣椒和醋炒了一碟雞肉，蔣經國很喜歡吃，問這道菜叫什麼名字，彭長貴急就章，說叫做左宗棠雞，之後它就成了彭園的名菜。

一九七四年，彭長貴在紐約曼克頓開設湖南餐廳，離聯合國總部很近，時任美國國務卿基辛格等名人常前往光顧，加上一九七四年得到紐約 ABC 電視台報導，左宗棠雞從此大熱，在美國無人不識。後來有美國記者為此菜尋根，追到左宗棠的家鄉湘陰縣，才發現根本沒有此菜。

第四章 華人食俗

元宵節吃湯圓

很多人以為「過年」是廣東話，「春節」是北方人講的，但事實上中國從古代就稱為「過年」，反而直至民國時期才稱為「春節」。在遠古的夏商時代，中國已經發明了「夏曆」，把一個周期分為十二個月，每個月看不見月亮的那天為「朔日」，是每個月的第一天，而正月朔日的子時，就是一個新周期的開始。從周朝開始，人們把這個周期叫做「年」；到了西漢，正式把「年」這個名稱用文字確定下來，沿用到今天。

古時的「過年」，是泛指由農曆十二月初八進行臘八節的合祭（祭天、祭神、祭祖先）開始，到正月十五才結束。

農曆年初十五，古稱上元節。「元宵」的意思就是上元節的晚上，即新年的第一個月圓之夜，月圓在中國從來都有特殊的意義，第一個月圓之夜表示了新一年的開始。

元宵節也叫燈節，相傳古印度僧人為瞻仰佛舍利而燃燈，而這一天正好是中國的元月十五，信仰佛教的漢明帝便仿效點燈禮佛的做法，並下令百官庶民在這天晚上齊齊掛燈。

《資治通鑑》記載，隋大業六年（六一〇）正月十五晚上，隋煬帝在洛陽搭台歌舞與民共樂，後世稱「端門燈火」。相傳煬帝做糯米丸子放在甜湯中，賜給臣子和歌姬作為晚食，這種無餡的丸子稱為湯團或浮圓子，也稱為元宵。

南宋宰相周必大的《元宵煮浮圓子詩》曰：「今夕是何夕？團圓事事同，湯官尋舊味，灶婢詫新功。星燦烏雲裏，珠浮濁水中。歲時編雜詠，附此說家風。」從此，元宵節吃湯圓，成為象徵團圓的習俗，在整個江南地區流行起來，實心湯團也演變成以水磨糯米粉包裹餡料的湯圓。

南方和北方吃湯圓的習慣不一樣，北方沿舊俗把湯圓叫元宵，是應節食物，用芝麻、核桃、豆沙、棗泥等做餡，在一大盤乾糯米粉中不斷滾動成丸子。從正月十五的前幾天開始，北方城鄉到處賣元宵丸子，一過元宵節便全都不見了。

香港以前只能在南貨店買到現成的湯圓，現在包裝湯圓在超市全年出售，是隨時可吃的甜品，當然，初十五元宵節那一天，超市的包裝湯圓還是特別好賣的。南方湯圓的做法是用糯米粉加水搓成皮，把芝麻、花生等餡料包在糯米皮內，搓成圓圓的丸子，不過現在全都是機器做的了。

立春吃韭菜

農曆二十四節氣中的立春，是一年之中的第一個節氣，意味著氣候回暖，人的身體陽氣回升，春天到來了。由元代開始，北方人便有在立春之日吃春餅和新鮮蔬菜的習慣，叫做「咬春」。這一天，家家戶戶會把五顏六色的新鮮蔬菜放在一起，是清朝北京人或滿人的習慣，叫做「獻春盤」。這民俗一直承傳到今天，立春之日的北京，菜市場和超市賣新鮮蔬菜的生意會特別好，大家應應節，開春大吉大利。

傳統在立春日吃的新鮮蔬菜中，包括蒜頭和蔥，且一定有韭菜，這些辛辣味的蔬菜，有發五臟之氣、除惡迎新、提升身體陽氣的意思。韭菜也叫做壯陽草，只要種一次，剪完又會再生出來，生生不息，是好意頭之物。我們以前住在美國加州灣區，天氣晴朗，幾乎種什麼東西都會長大。我家除了有棵大橙樹之外，還開了三尺地種蔥和韭菜，種蔥是為了煮菜隨時有蔥用，而種韭菜是懶人做的事，因為根本不用打理，剪完又有。

俗語說「生蔥熟蒜半生韭」，意思是蔥可以生吃，蒜要炒熟才能吃，而韭菜則炒至半生最好吃，全熟透就會韌了。所以，韭菜最適合做包子的餡料和用來炒雞蛋，如果用來炒肉，需半途後下，兜勻即可。

清明艾粄與食山頭

春分之後，見元朗的客家婆婆在街上賣清明艾粄，用艾草的汁加入米磨的粉做外皮，餡料是豬肉和蝦米，據說可以驅邪治病。這使我記起小時候家裏吃的青糰，是艾草汁加糯米做的皮，餡料有鹹的也有甜的。

中國人重視傳統習俗，清明前後到先人的墳地祭祖，必帶備工具鋤頭，先把墓地周圍的雜草加以清理，俗稱「鏟青」，所以清明又稱為「踏青」。

清咸豐時期的《興寧縣志・風俗》中曰：「清明上冢培土，剪荊棘。」廣東興寧縣是客家人聚居的地方，傳統的客家祭祖儀式，是大隊人馬打著鑼鼓，吹著嗩吶，家中所有老幼男丁都要去，特別是有功名、做過官的人，必定要風風光光出列，光宗耀祖。還有鄉俗在儀式後把祭品的燒豬斬開，分予各家共享，有些客家地方稱為吃「社肉」，有些地方則稱為「分豬肉」。

隨著時代的變遷，香港客家人在春秋二祭的習俗，已經簡化了很多。據說傳統的客家鄉村俗例，每逢清明和重九節，例必組織家人親戚一起登高祭祖，先合力鏟除墳上的野草，然後擺開祭品，拜祭祖先。

儀式後就在祖墳附近山頭，席地煮熱帶來的盆菜，加上燒肉和雞，供前來祭祖的親友圍坐而食，稱為「食山頭」，據說屏山鄧氏現在每年仍然舉行這個習俗。「食山頭」的日子，會選在每年清明和重陽的前幾天。

端午節與艾草

一年容易又端午，香港又會見到龍舟競渡，鼓樂喧天的情景了。講到端午節消災，很多人都可能忘記了門前插艾草這個習俗。艾草在北方又稱為艾蒿，有一種獨特的香味，對人畜無害，而且食之有清熱解毒的功效，香港新界也有很多野生的艾草。

中國古代的民間信仰，認為五月為毒月，初五更是毒日，要在門前插艾草，以艾草的香味驅邪除毒。明朝劉侗在《帝京景物略》中曰「插門以艾，涂耳鼻以雄黃，曰避毒虫」，可能古人認為病毒都是由蛇蟲鼠蟻帶來的，所以插艾草、抹雄黃，消災解難。

有一個關於插艾草的傳說，話說唐朝末年，農民起義軍的領袖黃巢，在行軍中遇到一位逃難的婦人，一手抱大孩子，一手牽著幼童而行。黃巢覺得很奇怪，問她為什麼不是抱著幼童，讓大孩子跟著走，婦人回答說，懷抱的大孩子是鄰居託付照顧的，不能有閃失，而牽著的幼童是自己親生的。黃巢被感動了，告訴婦人快快回家，不必逃難，只要端午節那天在家門前插上艾草，就定能避過兵災。婦人回家告訴全村照做，果然平安大吉，從此就有了端午節在門前插艾草的習俗。

圍村人在日常飲食中，會用上有保健作用的植物，講究「藥食同源」。在新界的大埔、上水、粉嶺和元朗，很多時都會見到客家婦女在賣糕粿，當中的艾草粿正是端午節的應節食品之一。

端午裹蒸糉

糉子是端午節必備的應節食品，市面上最基本的口味是裹蒸糉、鹹肉糉、鹼水糉、嘉湖糉和潮州的鹹甜雙拼糉。近年香港有售的糉子款式越來越多，有平有貴，為了賣個好價錢，各大商家都各出其謀，糉的形狀和包糉的葉、糉米、餡料有不同花樣；更大玩健康概念，紅米、藜麥、紅菜頭都派上用場，有些無油水兼無味道，好不好吃就見仁見智，乾脆不吃糉就最健康。

我和老陳最喜愛的，始終是傳統的裹蒸糉，喜歡它蒸得夠稔，香糯入味。肇慶裹蒸糉是南方糉中之王，形體較其他糉大，我們通常只能兩人分食一個。裹蒸糉用冬葉包裹，有種特別的葉香味，外面再包荷葉，用鹹水草紮實，餡料豐富，有糯米、開邊去皮綠豆、五香豬肉、冬菇、鹹蛋黃、蝦米或蝦乾、蓮子、栗子等等，經過十小時的焓煮而成，足夠飽肚。

上世紀五、六十年代，裹蒸糉曾是香港日常的街頭小食。賣裹蒸糉的小販會在傍晚出動，一邊用一隻大鐵桶裝著炭爐或火水爐，為上面一大煲裹蒸糉加熱，另一邊裝著些鹹肉糉和梘水糉，沿街叫賣。沿途有路人買回家作晚餐或宵夜，有些客人會從三、四層樓高處，把買糉的錢放在籃子中吊下，小販便會把裹蒸糉放入籃中交給客人。直至七十年代初，仍常有小販在晚上高聲叫賣裹蒸糉。一九九五年後，政府不再發流動小販牌照，加上市民普遍認為吃糉熱量高，而包糉的師傅也越來越少，街頭裹蒸糉逐漸消失。

臘月與臘八粥

在中國古代，一年有春夏秋冬四祭，而每年冬天是大祭。農曆十二月，人們會在同一天祭神、祭祖、祈福、辟邪、慶祝豐收，名為合祭，也叫做臘祭，所以十二月叫做臘月，而初八的合祭日稱為臘八。

北方人喝臘八粥這個傳統，相傳是兩千多年前由印度傳入的，亦稱為「佛粥」。話說當年釋迦牟尼在印度各地遊學，有一天在河邊飢餓昏倒，被一個牧羊女救了回家。牧羊女家裏很窮，只能把幾個裝穀物豆類的袋子翻出來，把袋底僅有的雜糧湊在一起，煮成粥給釋迦牟尼吃，救活了他。後來釋迦牟尼在農曆初八這一天，在菩提樹下得道成了佛，信徒為了紀念佛祖的功德，每年這一天都會煮「七寶五味粥」來紀念他，這就是後來的臘八粥。

臘八粥味道清淡又飽肚，有健脾養胃，消滯養顏，益氣安神的好處。主要材料是糯米和糖，八種配料是薏米、桂圓、紅棗、核桃仁、蓮子、百合、紅豆、栗子肉等，也有人喜歡加銀耳、銀杏、淮山和花生。臘八粥要煮得好，要注意不同材料煮的時間都不同，糯米、紅豆、薏米等要預先浸水，而蓮子、栗子肉、核桃肉需要先汆水。腸胃不好的人，就不要放花生。

廚房神灶君

農曆十二月二十三日灶君誕，亦稱為「小年」，人們會在這一天祭祀灶君，稱為祭灶，廣東人稱為「謝灶」。廣東人還有「官廿三、民廿四」的講究，就是當官的在二十三日謝灶，平民百姓則在二十四日。老輩廣東人平日在家向菩薩或祖先上香，也會順便為灶君爺上支香。

神話中，灶君爺是玉皇大帝派來保護凡間百姓灶火的神明。每年農曆十二月二十三日，灶君爺都要回天庭，向玉皇大帝匯報百姓的生活情況，以及每家人的品行，到正月初一又會回到人間繼續工作。為了讓灶君爺在玉帝前多說好話，人們會在這一天祭灶，感謝灶君爺一年的辛勞，更為家中各人祈求平安。

六十多年前，香港人的煮食用具大部份還是燒柴的，家裏都有個放柴生火的灶，煮食的灶面叫做「灶頭」。後來火水爐代替了燒柴，那個時期新建的樓宇都是三、四層高的戰後唐樓，沒有燒柴的灶，代替的是英泥砌的灶台，上面放一至兩個火水爐或碳爐，那時香港人仍然稱這個英泥枱面為灶頭。灶頭旁邊的牆上，還有一個灶君爺的神位，灶君與灶頭，記錄了無數香港人的童年回憶。

現在廚櫃是家中必備的設施，灶頭旁邊的灶君爺神位，早已逐漸被遺忘。祭灶謝灶，已隨著時間從香港人生活中消失，失去的是一種儀式，也同時失去了感恩的傳統意義。

除夕吃全家福

記得小時候的大除夕，或者遇上寒冷的日子，家中晚飯就會有一品鍋，材料很豐富，一鍋熬好的火腿雞湯，加了排骨、蝦、蛋餃、魚蛋、冬菇和津白，排得整齊妥當，三代同堂吃得高興。母親祖籍浙江紹興，她說這種一品鍋，在我國江南地區很流行，還有一個吉祥的名字叫「全家福」。

傳統淮揚名菜「全家福」，本來的名字是「燒雜燴」，是過年過節必吃的熱鍋湯菜，「全家福」寓意全家安康，福壽延綿。

「全家福」歷史悠久，深受百姓歡迎，來源也有不同的傳說，而揚州地區流行的故事，理所當然與清朝乾隆皇下江南有關。但今天講的「全家福」故事，是來自明朝的皇帝，時間比乾隆早很多。

明建文四年（一四〇二），燕王朱棣從姪兒朱允炆手上奪得帝位，登基明朝第三任皇帝，是為明成祖永樂帝。永樂二年（一四〇四），永樂帝封長子朱高熾為皇太子，這年的元宵佳節，永樂帝攜皇后和皇太子微服出巡看花燈，深夜回宮，命人傳膳。御廚房措手不及，將所有預製好的名貴材料，如魚翅、鮑魚、海參、魚肚、蹄筋，加上雞肉、豬肉等燴成一鍋進獻。飢腸轆轆的永樂帝覺得甚為美味，問御廚此菜何名，御廚見皇帝一家吃得甚為滿意，便說此菜特為慶賀皇上全家合餐而製，未有菜名，永樂帝遂御賜菜名為「全家福」。當時明朝京師仍然定於應天府（今南京），「全家福」從此成為江蘇名菜，流傳至今。

冬夜圍爐

很久很久以前，底層平民百姓圍爐生鍋，用的是瓦砵，故正字為打甂爐，甂是食器的名稱，後來才演變成俗稱打邊爐。

除夕元旦大批市民來到街市，花數小時輪購肥牛，令我想起這幾十年來打甂爐食料及食法的變化。記憶中，八十年代「四季火鍋」開張以前，本港好像甚少專門做打甂爐生意的食肆，更沒有夏天打甂爐的客人，要待到北風起，街上大牌檔掛出「禦寒生鍋」的招紙，才有甂爐可吃。

以前香港人街邊打甂爐，一泓清水加數條芫荽，豬腰膶各二両、鯪魚球幾顆，加上小碟滑牛，底下墊粉絲蔬菜，叫做雜錦生鍋。假如加上幾片土魷、四隻生蠔，再用竹籤串上幾隻海蝦倒插碟邊，便是海鮮生鍋。生鍋最特別之處是每位上一隻生雞蛋，以及小碗生油。蛋是用來降溫調味之用，而生油是在焯菜時加入，否則口感猶如嚼草。

潮州甂爐是牛肉鍋，幾十年前未算大宗，通常以獨沽一味的沙嗲湯底加手切牛肉來招呼「架己冷」。另一大派，則是靠南來北人情感支撐的「涮羊肉」，薄如紙張的嫩羊卷肉、老豆腐，加上十款八款混醬，點點炭火偶然在銅製涮鍋上的煙囪揚起，亦是香港寒冬下一景。

小時候家裏打甂爐，只需把廚房火水爐搬出，架上矮身銻煲，鯇魚片、肉片、豬膶、生菜豆腐豆芽必備，流浮山生蠔偶有出現，牛肉則不大多見，吃的就是寒冬下一家歡樂的融融情趣。

介乎甂爐與盆菜之間還有一種菜式，外婆家潮州人喚做「暖鍋」，總是在冬天寒冷之夜出現。潮州暖鍋是我小時候的回憶，隱約記得有潮州扎肉、魚蛋、炸肉、沙爆鱔肚、紹菜等基本食材，做法是像盆菜般把材料分類灼熟，再按材質老嫩，由底到面分層堆砌而成，炸豬肉總是放在上面。家裏的暖鍋是上湯底，食時只需要把暖窩翻滾一下，便可端上餐桌圍坐而食，最後還會加一把粉絲吸收湯汁。

像圍爐暖鍋這類食法，全國不同省份各有出品，做法大同小異，材料則因時制宜。在東北就叫「亂燉」，大醬（用黃豆發酵）、帶皮五花肉、蘑菇、粉條不可少；在上海也叫「暖鍋」，一般過年闔家來吃，以鹹肉蛋餃取個意頭；京城苦寒，乾隆皇帝愛吃暖鍋，賜名叫作「一品鍋」；李鴻章最老實，叫它作「大雜燴」；舊時廣州佬會加上狗肉，喚作「滿鑊香」，估計今時已絕跡。

新婚暖堂飯

疫情持續了一年多，全世界人的生活都受到影響。準備結婚的男女，對於該不該擺喜酒，如何安排擺酒席，真是費盡了心思，結果很多新人只得簡單從事，對這人生大事，確會感到有所遺憾。而婚禮從簡的風氣，相信從此會對日後有所影響，就像買外賣風氣之興起，也拜疫情所賜。

我對此有感，想起中國舊式婚禮，儀式異常隆重，尤其是新界鄉間大戶的婚禮酒席，款式之豐富，近代城市人多未有所聞。根據陳榮先生在上世紀五十年代所著《入廚三十年》中記載，舊式婚禮有所謂即日喜酌（擺喜酒）和翌日梅酌，這已是最低限度的喜筵，而翌日梅酌亦會有八大八小的菜式。

所謂「暖堂飯」，更是大多數人都未聽過，這是新娘回門的晚上，夫家為新婚夫婦而設的晚飯，並邀請幾位家有福蔭的青年作陪，以示好意頭。「暖堂飯」是九碗頭，即九大碗，但遍查文獻，未見圍村有九大簋之說法。

「暖堂飯」的菜式並不名貴，但重視好意頭，表達夫家對新人的祝福。介紹如下：「一團和氣」是炆豬肉；「二度梅開」是椰菜花冬菇雲耳炒土魷；「三元火肉」即三朝回門的燒豬，三元喻意小登科；「四喜臨門」是髮菜蝦米鯪魚丸；「五世其昌」是白斬雞，以紅棗伴碗；「陸續發財」是雞油扒冬菇髮菜；「七子連登」是油泡帶子；「八寶全鴨」是蓮子薏米冬菇火腿肉粒釀米鴨；「九代同堂」是一個甜食，即花生、蓮子、龍眼肉、糖冬瓜等煮的糖水。

飲食禮儀的反思

朋友說，有次與一位導師吃飯，結果這位導師吃東西時發出很大的聲音，旁若無人，把原來的好印象一掃而空。看似小事的飲食禮儀，有時真的會影響個人的命運。

中國人的飲食禮儀，早在二千多年前戰國時代，《禮記》中已有詳細的記錄。至約五百年前，明嘉靖年間，著名禮官屠羲英所著的《童子禮》中有一段曰：「凡飲食，須要斂身離案，毋令太迫。從容舉箸，以次著於盤中，毋致急遽，將肴蔬撥亂。咀嚼毋使有聲，亦不得恣所嗜好，貪求多食。安放碗箸，俱當加意照顧，毋使失誤墮地。」意思是說飲食時，身體不要趴在飯桌上；不要亂撥菜餚；咀嚼時不能發出「嘖嘖」聲；不得專挑愛吃的就大口大口地吃；放碗筷時要小心，以防掉落地上等等，這些就是古人教育小孩子的飲食禮儀。

不少有教養的家庭，都把民間的飲食禮儀沿用至今。簡單以筷子為例，如不能用筷子敲碗；不能用舌头舔筷子或啜筷子；不能用筷子指著別人；不能用筷子來推菜碟；不能舉著筷子在菜餚上遊移，舉箸不定就不要伸筷；不能夾起了食物又放回碟中；不能把筷子當叉子般插入食物取用；不能把筷子豎插在米飯碗中央。這些規矩都在民間流傳已久，是中國人傳統的教養。

可惜的是，經歷多番戰亂，大部份飲食禮儀已經被遺忘。今天人們在稱讚西餐禮儀有多麼文明時，是否應該值得反思？

食牛文化的轉變

在幾千年來的中國農業社會，牛是用來耕田的，人們對牛有一份愛惜與敬畏，除了老得不能再工作的牛以外，都捨不得把牛宰殺吃掉，特別是廣東、廣西這些傳統種植水稻的地方。四川比較多吃牛肉，因為該地自古產井鹽，牛是主要的生產工具，牛老了拉不動，鹽工們就把淘汰的牛宰來吃，著名的水煮牛肉就是這樣誕生的。

香港是個華洋雜處的社會，很久以前，香港餐飲只分為中餐和西餐兩大類，而西餐包括歐美各地的菜式。當時最簡單的分野，基本上只是用筷子吃的，還是用刀叉吃的。

早在上世紀二十年代，中環鴨巴甸街的冠南茶樓，就以「中式牛扒」聞名，首創用筷子吃的牛扒，為中西合璧 fusion 粵菜開了先河，算是香港西菜中食的始祖。在此之前，牛肉是不入粵菜筵席的，吃牛肉的概念只限於西餐「鋸扒」。當然，直到今天，粵菜的酒席也沒有牛肉菜式，這是因為考慮到有些香港人因各種理由不吃牛肉。

近幾十年，人們觀念改變，特別是隨著社會經濟飛躍發展，對飲食的認識大大提高，中菜的牛肉菜式也越來越豐富。當中有名的，莫過五、六十年代流行於粵菜酒家的中式牛柳，牛柳配上炒軟的洋蔥絲，用喼汁、黃芥辣、茄汁或 OK 汁等英倫醬汁調味，再埋薄芡上碟。記得與中式牛柳差不多同時期流行的，還有砵酒焗蠔，現在差不多都被遺忘了。

長壽麵的傳說

朋友六十歲生日，孝順的兒子和兒媳婦想為他搞個壽宴。世姪問我，按規矩尾枱是否一定要上壽麵？我告訴他，壽麵是祝願延年益壽的意思，老人家甲子壽辰，當然應該有長壽麵，但不一定要在晚宴上吃。其實要盡孝道，按古代習俗，應該是早上老人家起床後，由後輩親手煮一碗長壽麵給他吃，以示誠心祝願。

結果那天壽宴上，只見壽星公滿場飛，開心到合不攏嘴，告訴我兒媳早上煮長壽麵孝敬他。原來想要哄父母開心，只是煮一碗麵那麼簡單，珍貴的是那份心思。

關於長壽麵還有一個故事，相傳漢武帝迷信又怕死，有天與大臣們聊天，談到壽命長短。有位大臣說，根據《相書》，臉上的人中位置越長，壽命也就越長，如果人中長一寸，此人就可以活到一百歲，漢武帝深信不疑，只恨自己人中生得不夠長。東方朔聽到後大笑，說如果這樣算來，彭祖活了八百歲，他的臉豈不是很長很長了？

「臉」在廣東話稱「面」，普通話也有把「臉上」稱為「面子」，而「面」與「麵」同音（簡體字乾脆都用「面」了）。麵的形態又長又軟（遠），於是就以吃麵來祝壽，漸漸就形成生日要吃長壽麵的習俗了。

第五章 食得健康

為豬油鳴冤

很多人對用豬油烹飪大驚小怪，我今天想說明的是，其實豬油和我們日常吃的其他脂肪差不多，沒必要避之如猛虎。

豬油是以豬的板油加熱融化而成的一種動物油脂，在煮食過程中會釋出特別的香味，因此豬油在中菜烹調和中式糕餅中都很受歡迎。在歐洲，由古以來人們都吃豬油（Lard）、豬油渣和豬網油。例如歐洲人用豬油製作酥皮，意大利人用豬油加黑醋塗麵包，法國菜用豬網油包著肉來焗，更有酒吧以乾豬油渣作為下酒小食，德國和奧地利人煮湯也加塊豬油，美國的超級市場也能隨便買到。

豬大概是最被人誤解的動物，人們總是把最不好的形容詞都套用在豬身上。城市人喜歡講究健康，一聽到是豬油製作的食品便不敢吃，說膽固醇太高，其實這是對豬油的一種誤解。

營養學是一門很複雜的學問，尤其關係到多元化的生活習慣和豐富的食材。每一種食物都含有多種元素包括水、纖維、脂肪、礦物質、維生素、膽固醇等等，如果光由其中一種元素去決定食物是否適合，便會流於偏差。對豬油的偏見便是由於對食材缺乏足夠的認識，而膽固醇正是人們害怕豬油的原因。

據報導，豬油被英國評為十大營養食物之一，而早在二〇一五年美國政府給美國人的膳食指南中，已經取消了每人每天從食物攝取膽固醇的上限，其實，約百分之七十的膽固醇都來自身體內部而不是從食物而來，所以沒有必要為多吃豬油而擔心。

臘肉與膽固醇

近年因工作，每兩三個月就會去一次成都，深深地愛上了這個充滿人情味的休閒城市。成都充滿美食，絕不遜色於華東的江南地區。

我們和身邊的好朋友，都鍾情於成都帶微微煙燻味的燻醬肉和臘肉，每次由成都回來，是必然的手信，還指定要買青城山的，兩年下來，已是吃成都臘肉的專家了。成都的燻醬肉和臘肉，七分肥，三分瘦，肥瘦相間，容易入口，咬下去有滿口甘腴的感覺。醬肉肉質較軟，一個月內要吃掉；臘肉則可放一年，蒸透後切片，肥的晶瑩通透，瘦的顏色帶紅，看似肥膩，實在是爽口。我家老陳可以一餐吃下十多片，但他三高正常，臘肉並未為他的身體增加很多人都害怕的膽固醇。

香港人談肥肉色變，特別是肥豬肉，卻對肥牛情有獨鍾，這是對豬肉的歧視。我問老陳吃了那麼多肥臘肉，究竟增加了多少膽固醇，他笑著打開電腦，把美國農業部二〇一五年的國家營養數據庫調出來。數據顯示，十五克豬油的膽固醇是十二毫克，他吃了大概七十五克臘肉，以七分肥三分瘦計算，即吃了五十三克肥肉，如果都轉化成豬油，即增加了四十二毫克的膽固醇。數據庫又顯示，十五克牛油的膽固醇是三十一毫克，五十三克牛油的膽固醇就是一百一十毫克，一個麥當勞的巨無霸已經含七十九毫克，一隻肯德基炸雞腿則是八十九毫克。老陳說肥臘肉比漢堡包、家鄉雞好吃，更何況美國農業部已經取消了建議每天不超過三百毫克膽固醇的標準呢。

飯前先飲湯

我們全家都喜歡飲湯，陳家是地道的廣東人，即使在美國生活的日子，家中也常備湯水，有時是比較簡單快速的滾湯，更多時是煲老火湯。除了正式的家宴要跟隨菜單次序上菜之外，一般在家吃飯，我的兩個女兒自小都會在飯前主動飲湯，現在生活在美國的兩個外孫女，也習慣飯前先飲湯。

飯前先飲湯？對的，其實這跟西方的習慣一樣，吃主餐前先喝湯。曾看過有內地的研究指出，飯前飲湯是一種有科學根據的養生飲食方法，湯水不但可以潤滑腸胃，還可以刺激胃液分泌，引起食慾；而讓有營養的湯水先填飽部份肚子，以免吃過量，也是很重要的。當然還有另一個考慮，就是家中小孩，吃完飯可能就不肯飲湯，浪費了主婦媽媽的一番心機；而先喝了湯，小孩子吃飯時就未必會再嚷著要喝汽水冷飲了。

有些人喜歡飯前先喝一大杯清水，認為先把肚子填飽，可以少吃一點，殊不知清水會把胃液沖淡，降低消化功能，影響營養的吸收。

最近為了做飲食研究，去了一次贛、閩、粵的客家地區工作旅行，這才知道客家人飯席也是先上熱湯，有時還會再上一道湯菜，一番湯湯水水之後，才正式開始飲酒吃菜餚。當地人告訴我，先飲湯水養胃，是客家千百年來的養生飲食習慣，而其中一個原因就是為了抵禦山區的寒冷天氣，讓腸胃先暖起來，再喝酒就不傷胃了。

四時養生：春分

二十四節氣中的春分，一般落於三月二十日，古代稱為日中，平分了三個月的春季。《明史·歷一》曰：「分者，黃赤相交之點，太陽行至此，乃晝夜平分。」意思是指春分這一天，太陽直射赤道，白天黑夜各十二小時，春分之後，太陽直射的位置逐漸北移，就會開始晝長夜短，氣溫漸暖，雖然偶有小雨，但不會再有倒春寒，冬天的衣服可以收起來了。

春分是一年之中日夜平分、陰陽平衡的日子，人的身體運行順應自然界規律，正是調理五臟陰陽平衡的好時機，飲食忌大寒大熱，不時不食。春分時期多吃時令蔬菜，最為適合。

香港是福地，一年到晚都有新鮮蔬菜，品種繁多，每個季節都有符合其氣候條件的最佳蔬菜。春分前後這段日子，最適宜吃的是莧菜和番薯葉，它們營養豐富的蔬菜，有清熱解毒之效，亦容易為人體吸收。這兩種在以前都是野菜，人們會從路邊、田野中採摘，在春分時食用。

四時養生：立夏

二十四節氣中的立夏，意味著告別春季。立夏前後為春夏之交，日長暴暖，氣溫和濕度都經常出現突然變化，更加要注意保重身體，以順利平穩過渡到夏天。

適應節氣交替，養生的最基本原則，就是多吃時令蔬菜瓜果，初夏是青瓜和絲瓜當造，大家不妨多吃。絲瓜是我家喜歡吃的蔬菜之一，絲瓜低熱量、低膽固醇、高水份、高纖維，含維生素A、B、B2、B6和C，另外有多種人體所需的微元素如鉀、鈣、鎂等，還有抗氧化、通便的功效，是一種健康食材。絲瓜味道清甜，只需放蒜蓉和少許鹽，清炒至七成熟便可上桌。

四時養生：小滿

小滿，是夏季的第二個節氣，太陽到達黃經（太陽座標的經度）六十度的日子，通常落在每年的五月二十或二十一日。二十四節氣，主要是根據氣象而為農業服務，埋藏在土地裏過冬的冬小麥，得到春天雨水的滋潤，再到小滿前後，陽光充足，麥粒慢慢灌漿。不過，這時灌漿只是小滿，未到結實的大滿，這正是農民對收成充滿期待的時候。所以，小滿也意味著希望與祝福。

炎熱的夏季在小滿之後拉開序幕，氣溫也會慢慢穩定下來。在這段交替的日子，溫度和濕度都高，比較容易因腸胃積熱而生皮膚病，例如濕疹風疹之類。日常飲食應傾向清淡，多吃瓜果蔬菜，應季蔬果是冬瓜、茄子、黃瓜、油麥菜、莧菜等。要多喝溫水，少吃煎炸熱毒的食物。

小滿前後，是荔枝上市的時節，荔枝含豐富維生素C，但火大濕熱，容易造成血糖上升，所以不宜空腹進食和大量地吃，有痛風的人更不宜多吃。

四時養生：大暑

小暑大暑緊相連，大暑一般為七月二十二或二十三日，是中國大部份地區一年之中最熱的日子，暑氣下罩，濕氣蒸騰，感覺悶熱，此時如果不注意飲食，便會感到頭昏腦脹，身體不適。不過，大暑之後便是立秋，通常在連場大雨之後，舒服的秋天就快到來了。

大暑前後天氣悶熱，以吃粥養生是不錯的選擇。可用薏米、芡實、百合、冬瓜等煲粥，清心消暑，養胃健脾，不怕寒涼的話，還可以加入綠豆。吃粥是我國特有的食療文化，據說多吃粥可以延年益壽，尤其適合中老年人或體弱者。

據《周書》記載，早在距今四千多年前，黃帝已懂得「烹谷為粥」。漢代司馬遷編的《史記．扁鵲倉公列傳》中，亦記載了名醫扁鵲以粥調理病患的事跡，說明粥膳文化歷史悠久。

醫食同源，或稱藥食同源，藥和食互補互用，是中醫治療的特色。明代醫學家李時珍在《本草綱目》中，記載了不少食療方，對粥膳的好處推崇備至。清光緒年間，民間出版《粥譜》，更收錄了兩百多條粥膳食譜，詳細列明了療效和注意事項，可見自古吃粥膳之普遍。

張學良活到了一百歲，長壽的秘訣，據說就是湯湯水水四個字。人體的五臟六腑，都與氣、血、津液有著密切的關係。盛夏酷暑，身體的水份蒸發得特別快，通過吃湯粥調節臟腑功能，營養成份容易被吸收，達到養生的目的。

四時養生：秋分

秋分之前的日子，陽氣燥盛，經常雷聲大作，無端大雨；但秋分過後，陽氣消退，天氣漸轉陰性，也不會打雷了。作為晝夜時長相等的節氣，在養生飲食上，也應該本著陰陽平衡的規律，滋潤養陰，以迎接冬天的來臨。

炎熱的夏季終於過去，迎來了金風送爽的秋天。秋天是一年四季中身體感覺最舒服的季節，也是身體進行調整的季節。在夏天，人們常常因為氣候悶熱而導致食慾不振，睡眠欠佳，身體消耗，傷了元氣，而秋天正好趁著胃口好轉，精神舒泰，及時調養。

人們傳統上都認為秋冬應及時進補，但由於夏天對身體已造成損耗，秋天的飲食不適宜馬上進行大補，因為這樣反而會損害身體的元氣。飲食方面最好有個過渡期，以溫和滋潤的食物為主，平五臟，生津養陰。待初冬來臨，身體的吸收力加强，才可以真正進補。

秋天氣候乾燥，最易傷肺和咽喉，應多吃生津滋潤的水果蔬菜，少吃煎炸熱毒辛辣的食物。秋天的蔬菜水果品種豐富，梨、柚子、木瓜、提子、蓮藕、蓮子、白果、百合、番薯、芋頭、西洋菜等。此外，雪耳、白菜乾、羅漢果、霸王花、南北杏、沙參、玉竹都是秋天煲湯的好材料。飲料方面，最適合每晚喝一杯蜂蜜水，既能清熱滋潤，又可防衰老、防治便祕和咽喉乾燥。

四時養生：大雪

十二月六或七日是二十四節氣中的大雪，意味著中國北方大部份地區進入了寒冬，在南方香港的氣溫也逐步下降，冬天終於到了。冬天是一年四季中身體進行調整的季節，為了適應和抵禦寒冷的天氣，體內的熱能自然消耗得比較大，加速了脂肪、蛋白質的分解，影響人體的內分泌系統。這就是為什麼我們在冬季特別想多吃熱的食物和肉類的原因。

中國人有句俗話，「三九補一冬，來年無病痛」，冬季是潛藏陽氣，蓄養精氣的季節，一年之中此時最適宜滋補養生。人的新陳代謝在冬天會減慢，需要進補，這時候人體的腸胃卻是一年之中吸收能力最好的，即由食物中攝入的營養比較容易被身體吸收。

作　者　方曉嵐
責任編輯　寧礎鋒
書籍設計　Kaceyellow

出版
三聯書店（香港）有限公司
香港北角英皇道四九九號北角工業大廈二十樓
Joint Publishing (H.K.) Co., Ltd.
20/F., North Point Industrial Building,
499 King's Road, North Point, Hong Kong

香港發行
香港聯合書刊物流有限公司
香港新界荃灣德士古道二二〇至二四八號十六樓

印刷
美雅印刷製本有限公司
香港九龍觀塘榮業街六號四樓A室

版次
二〇二五年三月香港第一版第一次印刷

規格
特十六開（148mm × 210mm）三一二面

國際書號
ISBN 978-962-04-5635-0

Published & Printed in Hong Kong, China

三聯書店
http://jointpublishing.com

JPBooks.Plus
http://jpbooks.plus